KB274897

킬링이 들려주는 지구 온난화 이야기

킬링이 들려주는 지구 온난화 이야기



초판   1쇄 발행일 | 2011년 4월 30일
초판 13쇄 발행일 | 2021년 5월 31일

지은이 | 임성만
펴낸이 | 정은영
펴낸곳 | (주)자음과모음

출판등록 | 2001년 11월 28일 제2001－000259호
주      소 | 04047 서울시 마포구 양화로6길 49
전      화 | 편집부 (02)324－2347, 경영지원부 (02)325－6047
팩      스 | 편집부 (02)324－2348, 경영지원부 (02)2648－1311
e－mail   | jamoteen@jamobook.com

ISBN 978－89－544－2222－2 (44400)

# 지구 온난화 이야기



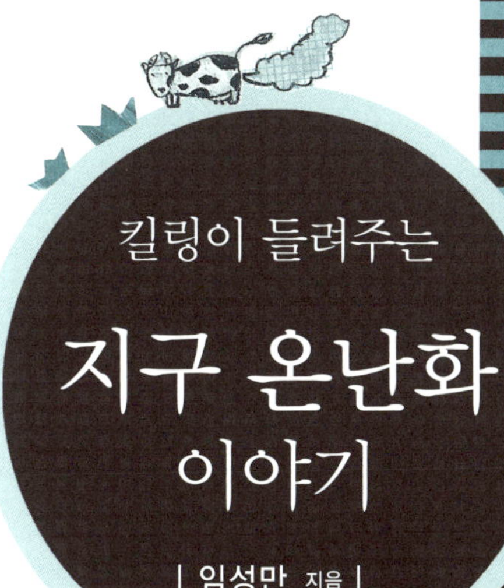

㈜ 자음과모음

# 지구를 사랑하는 청소년을 위한
# '지구 온난화' 이야기

태양계에서 생물 특히 사람이 살아갈 수 있는 조건을 갖춘 행성은 아직까지 지구뿐입니다. '하나뿐인 지구', '초록별 지구'라는 말도 있잖아요. 지구를 지키는 것은 우리를 위해서도 중요하지만, 다음 세대를 살아갈 우리의 자손을 위해서도 무척 중요한 일입니다.

킬링은 누구보다 이 사실을 잘 알고 있었습니다. 그래서 생물이 살아가는 데, 지구가 현재의 시스템을 유지하는 데 꼭 필요한 탄소 순환에 대해 많은 시간을 투자하여 연구를 했습니다. 그리고 연구 결과를 토대로 지구에 사는 사람들에게 온실 효과에 의한 지구 온난화를 경고할 수 있었어요.

특히 태양으로부터 오는 빛 에너지는 지구 상에 많은 생명체가 살아갈 수 있도록 적정한 온도를 유지해 줍니다. 즉, 태양 빛이 지표면에 도달하면 일부는 흡수되고 일부는 지구 복사 에너지 형태로 방출되는데 이때 지구를 둘러싸고 있는 여러 가지 기체에 의해 에너지의 일부가 흡수되면서 온실 효과를 발생시켜 지구는 따뜻한 행성이 될 수 있는 것입니다.

그러나 산업 혁명 이후 화석 연료 사용의 급증으로 여러 가지 온실가스가 증가하면서 지구 온난화는 갈수록 심각해지고 있어요. 그로 인해 지구촌 곳곳에서 이상 기후가 나타나고 있지요.

이젠 더 이상 지구 온난화 문제를 간과할 수 없다고 여긴 많은 사람들이 힘을 합쳐 환경 보호 운동에 앞장서고 있어요. 하지만 여전히 지구 온난화의 심각성에 대해 제대로 인식하지 못하는 사람들이 많아요. 주변에는 불필요하게 에너지를 낭비하는 일도 종종 벌어지고 있어요. 필요 없는 전기 플러그를 뽑는 것이 바로 이산화탄소의 배출을 줄여 지구 온난화를 방지하는 길입니다.

이 책을 통해 자연 환경 보존의 소중함을 깨닫고 일회용품을 쓰지 않는 작은 실천으로 지구를 사랑하는 일을 시작하기 바랍니다.

임 성 만

# 차례

**1**

# 지구가 이상해요!

다양한 생명체가 공존하는 지구에 적신호가 켜졌어요.
지구에 어떤 이상 징후가 나타나고 있는 걸까요?

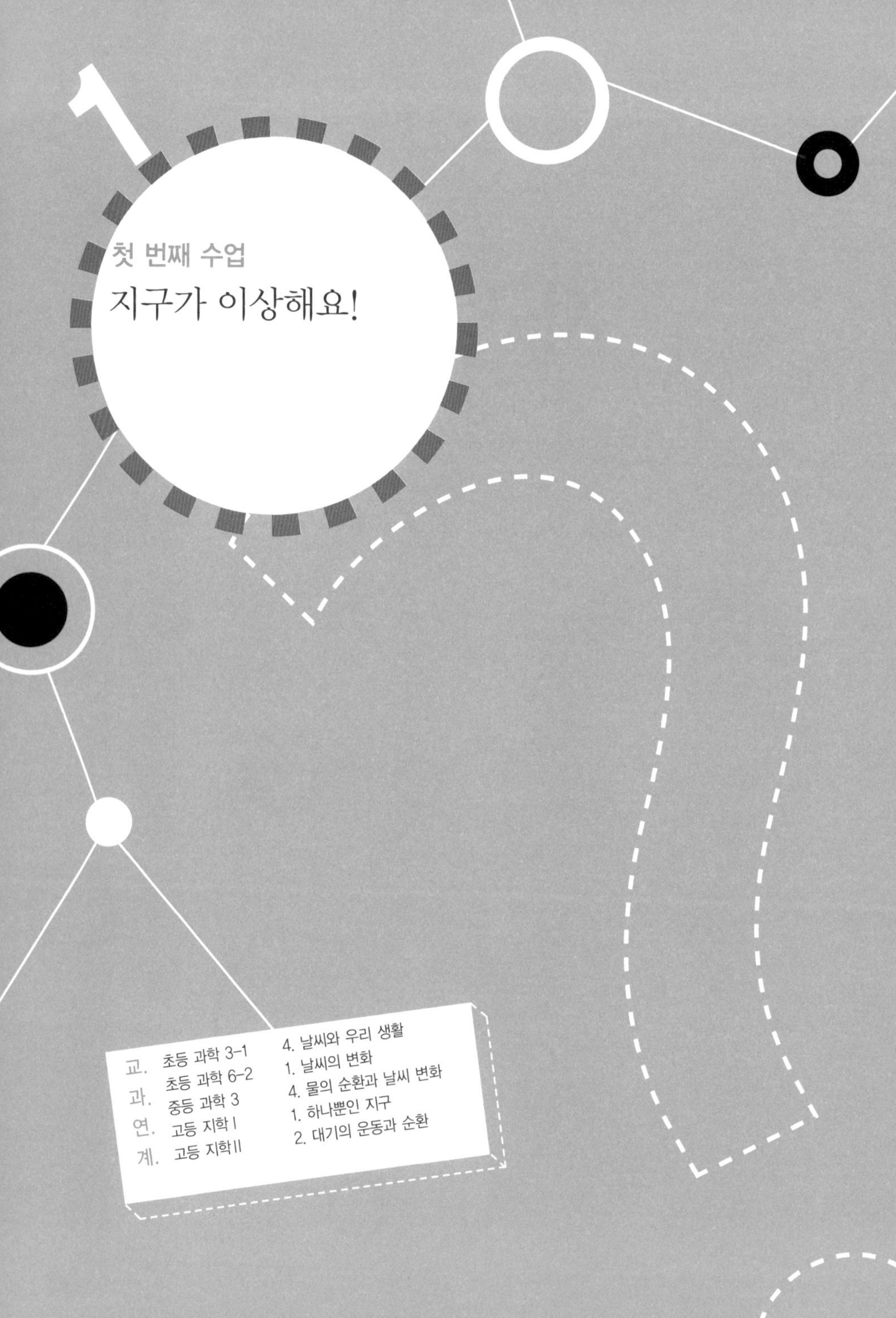
1
첫 번째 수업
지구가 이상해요!

킬링이 웃음을 참으며<br>첫 번째 수업을 시작했다.

여러분, 안녕하세요? 나는 미국의 과학자 킬링(Charles Keeling, 1928~2005)입니다. 그런데 모두 마스크를 착용했는데도 얼굴을 잔뜩 찡그리고 있군요.

__ 냄새가 지독해서요.

첫 번째 수업부터 내가 여러분에게 너무 심했나요? 미안해요. 하지만 내가 여기에 여러분을 데려온 이유가 있어요. 여러분이 지금 맡고 있는 냄새 속에는 지금부터 우리가 함께 공부하게 될 현상의 주범이 섞여 있어요.

바로 소들의 분뇨에서 발생하는 가스 중 하나인 메테인이

랍니다. 여러분이 음식을 먹고 배가 더부룩할 때 방귀를 뀌게 되지요? 그 방귀에도 메테인이 들어 있어요.

## 소 방귀에 세금을 물려라?

그런데 소가 뀌는 방귀에 세금을 부과하는 나라가 있다고 해요. 유럽의 에스토니아라는 나라인데, 2009년부터 거뒀다고 하니 세금을 많이 거뒀겠지요?

에스토니아에서 소를 키우는 농가에게 이런 방귀세를 부과하는 데는 이유가 있어요. 그것은 하루에 소가 방귀를 뀌거

나 트림을 하면서 내뿜는 이산화탄소와 메테인의 평균량이 각각 1,500L와 350L가 넘는 어마어마한 양이기 때문이에요. 특히 에스토니아에서 배출하는 메테인의 25%가 바로 소의 방귀와 트림에서 나온다고 해요.

그럼 방귀세가 에스토니아에만 있을까요? 그렇지 않아요. 인근의 덴마크도 소와 돼지를 키우는 농가에 한 마리당 일 년에 14만 원 정도의 세금을 내게 하는 법을 만들고 있어요. 또 세계에서 소를 가장 많이 키우고 있는 뉴질랜드도 2008년에 이런 법을 추진하려고 했대요. 하지만 소를 키우는 농가들의 거센 반발에 부딪혀서 아직 시행하지 못했어요.

그럼 왜 이런 나라들에서는 소가 뀌는 방귀에 세금을 부과하려는 걸까요? 바로 지구 온난화 때문이랍니다.

__ 지구 온난화가 무엇인가요?

그건 여러분과 함께 지금부터 공부할 내용이에요. 지구 온난화에 대해 간단히 말하자면 지구가 점점 따뜻해지는 현상이에요.

__ 그럼 좋은 거 아닌가요? 그런데 왜 세금을 부과하려는 것이지요?

날이 갈수록 지구 온난화가 심해지기 때문에 좋은 현상이 아니랍니다. 공부하다 보면 차차 알게 될 거예요.

그럼 지구 온난화에 대해서 본격적으로 알아볼까요? 그런 후에 소가 뀌는 방귀가 지구 온난화에 얼마나 영향을 미치는지도 알아보도록 하지요. 이제 마스크를 벗어도 돼요. 교실로 들어갑시다.

## 눈 구경이 힘든 곳에는 '폭설', 가뭄이던 곳에는 '폭우'

자, 모두 마스크를 벗었나요? 방금 전 우리는 소가 방귀를 뀌거나 트림을 할 때 나오는 기체에 대한 이야기를 했어요. 어떤 기체들이 나온다고 했지요?

 __ 메테인이나 이산화탄소 기체 등이 나온다고 했어요.

 맞았어요. 이 기체들은 무엇을 일으킨다고 했지요?

 __ 지구 온난화요.

 훌륭해요. 지구 온난화가 심해지면 이상 기후 현상이 나타나 우리에게 심각한 피해를 줘요. 여러분은 날씨에 관련된 뉴스를 본 적이 있나요?

 __ 네, 지난번에 미국과 일본에서 눈이 아주 많이 내렸다는 보도를 본 적이 있어요.

 그래요. 미국의 중서부와 동부 지역에 강추위와 폭설 때문에 무려 1만 8천7백여 편의 항공기가 결항된 일이 있었어요. 또 일본의 돗토리 현에서는 눈이 무려 1m80cm나 내린 적도 있었어요.

 이런 기록적인 폭설 때문에 20만 가구가 정전이 됐으며 일본의 유명한 고속 철도인 신칸센이 멈춰 섰고, 어선 190척이 눈의 무게를 이겨내지 못하고 가라앉았다고 해요.

 __ 선생님, 호주에서는 홍수가 나서 많은 사람이 다친 일도 있었대요.

 그래요. 폭설로 고생하는 나라가 있는가 하면, 폭우로 고생

하는 나라도 있어요. 호주는 늘 가뭄에 시달리는 나라인데, 호주 동부의 터움바 지역에서는 시간당 300mm가 넘는 폭우가 쏟아져서 9명이 숨지고 60명이 실종되는 일이 있었다고 해요. 또 유럽에서도 홍수가 일어나 물적 피해를 비롯해 사람이 죽는 인적 피해까지 너무 많은 피해를 입기도 했어요.

이처럼 지구 온난화가 가속화되면서 눈 구경이 힘든 곳에서는 폭설, 가뭄에 시달리던 곳에서는 폭우 같은 이상 기후가 지구촌 곳곳에서 나타나고 있어요.

그런데 지구의 다른 쪽에서는 이와 반대의 현상인 가뭄으로 고생하는 일도 벌어지고 있어요. 가뭄 또한 지구 온난화

때문에 나타나는 이상 기후 현상이에요.

가뭄이 특히 심한 곳은 아프리카예요. UNFCCC(United Nations Framework Convention on Climate Change,

### 과학자의 비밀노트

**이상 기후**

이상 기후란 여러 해 동안 축적된 기후 데이터에 근거한 예보를 벗어나서 나타나는 기후 현상이다. 즉, 기온이나 강수량 등이 정상적인 상태를 나타내지 않고 일반적인 기후 현상에서 벗어난 상태를 말한다. 폭설이나 폭우, 가뭄, 저온 현상, 고온 현상 등과 같은 것이 이에 속한다. 요즘 유럽에서 일어나는 폭우나 일본 등지에서 내리는 폭설 등과 같은 현상을 이상 기후라 한다.

유엔기후변화협약, 지구 온난화 방지를 위해 온실가스의 인위적 방출을 규제하기 위한 협약)의 2005년 보고에 따르면 니제르, 차드 호 및 세네갈 지역에서는 전체 이용 가능한 물의 양이 40~60%나 줄어들었고, 아프리카의 곳곳에서는 사막화 현상이 가속화되고 있다고 해요.

지구 온난화에 의한 피해는 이외에도 또 있어요. 바로 해수면의 상승이에요. UNFCCC의 2005년 보고에 의하면 20세기 동안 해수면은 평균 10~20cm가 높아졌다고 해요. 해수면이 이렇게 많이 높아지면 바닷물이 범람하여 피해를 입는 나라들이 생길 거예요. 특히 남태평양의 섬들이 이러한 영향권에 속해 있어요.

남태평양의 아름다운 휴양지, 몰디브라는 작은 섬나라는 해수면 상승 때문에 걱정을 많이 하는 나라예요. 해수면 상승 때문에 완전히 사라질 수도 있거든요. 실제로 이런 일이 생긴다면 많은 사람들은 자신들이 지금까지 살아온 곳을 버리고 다른 곳으로 이주해야 할 거예요. 지구 온난화로 우리들은 삶의 터전까지 잃어버릴 수 있는 것이지요.

이처럼 날이 갈수록 심각해지는 이상 기후 현상과 해수면 상승에 대해 많은 과학자들은 무척 우려하고 있어요. 그래서 과학자들은 이러한 현상의 직접적 원인으로 꼽는 지구 온난화에 대해서 열심히 연구하고 있어요.

  그렇다면 지구 온난화에 대해 제일 먼저 연구했던 과학자
는 누구일까요? 다음 수업 시간에 알아보도록 해요.

만화로 본문 읽기

하하하, 소가 뀌는 방귀에 세금을 물리는 나라도 있대요.
그렇게 우스운 일만은 아니에요. 소가 방귀와 트림을 하면서 지구 온난화의 원인인 이산화탄소와 메테인이 나오기 때문이죠.
세금

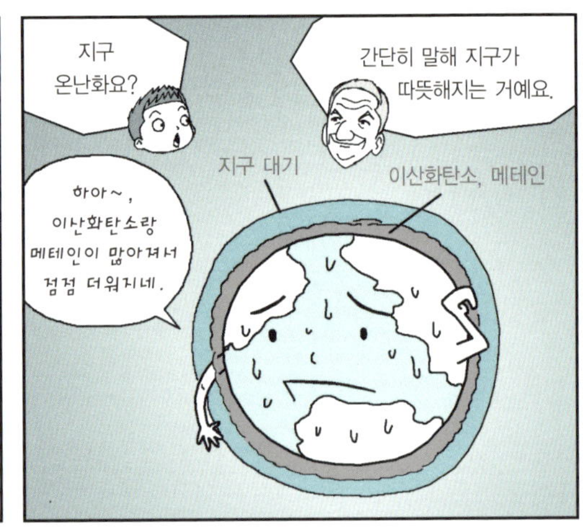
지구 온난화요?
간단히 말해 지구가 따뜻해지는 거예요.
하아~, 이산화탄소랑 메테인이 많아겨서 점점 더워지네.
지구 대기
이산화탄소, 메테인

전 추운 건 싫은데, 따뜻해지면 좋은 거 아닌가요?
그렇지 않아요. 지구 온난화가 심해지면 이상 기후 현상을 보이면서 우리에게 많은 피해를 주거든요.

이상 기후 현상이 뭐예요?
기온이나 강수량 등이 정상적인 상태를 벗어나서 예년에 비해 폭설이나 폭우, 가뭄, 저온 현상, 고온 현상 등이 나타나는 것을 말해요.
오늘은 곳곳에 눈이 내리는 이상 기후 현상이 나타나겠습니다.
눈
눈
눈
눈
눈
눈
4월

예를 들어 눈이 오지 않던 곳에 폭설이 내리거나 가뭄으로 고생하던 곳에 때아닌 홍수가 나기도 하는데, 이런 이상 기후 현상으로 많은 피해를 입게 되죠.

이상 기후 현상은 지구 온난화 때문이라고 많은 과학자들이 주장하고 있어요.
윽, 소의 방귀 때문에 홍수가 나다니 웃을 일만은 아니네요.

**2**

# 지구 온난화를 연구한 과학자

지구가 더워진다는 것을 과학자들은 어떻게 알았을까요?
그리고 어떤 과학자들이 우리에게 이런 정보를 알려 주었을까요?

# 지구 온난화를 연구한 과학자

교.  초등 과학 6-2   1. 날씨의 변화
                    2. 여러 가지 기체
과.                 4. 물의 순환과 날씨 변화
연.  중등 과학 3     1. 하나뿐인 지구
계.  고등 지학 I      2. 대기의 운동과 순환
     고등 지학 II

　수업을 시작하기 전에 마음을 안정되게 하는 음악을 하나 들어 볼까요? 음악은 우리의 마음을 차분하게 해 줍니다. 많은 과학자들은 자신이 하는 연구가 따분하거나 지루할 때 또는 좋은 생각이 떠오르지 않을 때면 음악을 들으면서 기분 전환을 하거나 마음을 다스렸다고 해요.

　나도 음악을 매우 좋아합니다. 특히 피아노 치는 것을 즐기지요. 어떤 사람들은 나에게 과학자보다 피아니스트가 더 잘 어울린다고 말했어요. 하지만 내가 무엇보다 좋아하는 것은 과학이에요. 음악은 과학과 많은 점에서 닮았어요. 새로운

것을 만들어 내는 것, 이것이 바로 음악과 과학의 닮은 점입니다. 또 과학은 관찰에서부터 비롯되는데, 음악 역시 관찰에서부터 시작하는 거예요. 자연을 관찰하고 오감으로 느끼면서 그 느낌을 악기로 표현하는 것이지요. 음악 이야기를 너무 많이 했네요. 그럼 본격적으로 두 번째 수업을 시작해 볼까요?

## 이산화탄소의 양을 측정한 킬링

지구 온난화를 연구한 과학자 중 내가 한 업적에 대해서 먼저 소개할게요. 그래야 나에 대해서 여러분이 더 잘 알고 우리가 더욱 친해질 수 있을 거예요. 내가 한 일 가운데 가장 큰 것은 공기 중 이산화탄소의 양을 측정한 일이랍니다.

사람들이 숨을 내쉴 때 내뱉는 게 무엇이지요? 바로 이산화탄소입니다. 또 이산화탄소는 화석 연료인 석유나 석탄 등이 연소할 때 많이 발생합니다. 이런 이산화탄소가 공기 중에는 어느 정도나 섞여 있을까요?

일반적으로 공기 중 이산화탄소의 양은 0.03% 정도입니다. 만약 이 양이 일정하지 않고 점점 많아진다면 어떤 일이

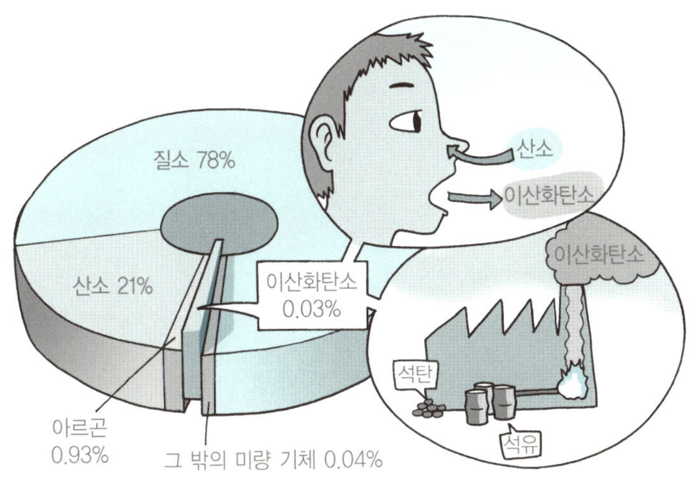



벌어질까요? 이 궁금증을 해결하기 위해 나는 몇 명의 동료들과 함께 공기 중 이산화탄소의 양을 측정하고, 이산화탄소의 양이 어떻게 변해 가는지를 밝혀 냈답니다.

### 과학자의 비밀노트

**공기의 조성**

공기는 여러 가지 기체가 섞여 있는 혼합물이다. 온도에 따라 조성이 약간씩 변하지만, 공기 중 가장 많은 부분을 차지하는 것은 질소(78%)이다. 그 다음으로 산소(21%), 아르곤(0.93%), 이산화탄소(0.03%) 등이 포함되어 있다. 이와 같은 공기의 조성은 지구 상의 어디에서나 거의 변함이 없기 때문에 공기를 균일 혼합물로 분류한다.

　나와 동료 과학자들은 이산화탄소의 양을 측정하기 위해 하와이에 있는 마우나로아 화산에서 아주 많은 날을 보냈답니다. 마우나로아 화산의 정상부를 이산화탄소 측정 지점으로 선택한 이유는 고도가 높아 대기 오염이 적다고 생각했기 때문이에요.

　우리가 이산화탄소의 양을 조사하기 전, 사람들은 화석 연료의 연소와 여러 산업 활동으로 인해 발생하는 이산화탄소가 얼마만큼 공기 중에 남아 있을지 또 육지에 사는 식물들에 의해 이산화탄소가 얼마만큼 흡수되고 바다에 녹을지에 대해 알지 못했어요. 나와 동료들이 최초로 공기 중에 섞여 있

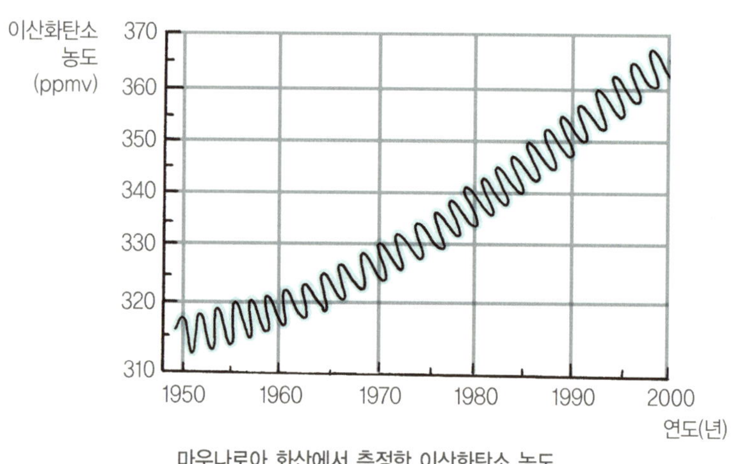


마우나로아 화산에서 측정한 이산화탄소 농도

는, 즉 공기 중에 남아 있는 이산화탄소의 양을 정확하게 측정한 것이지요. 그리고 공기 중 이산화탄소의 양이 어떻게 변화했는지, 앞으로 어떻게 변해 갈 것인지에 대해서도 알아낼 수 있었어요.

이를 통해 이산화탄소의 양과 지구 온난화의 상관관계를 밝혔어요. 첫 번째 수업 시간에 이야기했던 이상 기후 현상을 일으키는 원인 중 하나가 바로 이산화탄소의 증가였던 거예요.

나는 또한 바닷물에 녹아 있는 이산화탄소의 양도 정확하게 측정해 냈어요. 그래서 공기 중 이산화탄소가 바닷물에 얼마나 녹는지도 알 수 있었지요. 이런 측정 결과를 통해 바닷물이 공기 중 이산화탄소의 농도를 조절한다는 것을 알아낼 수 있었답니다.

내가 한 일에 대한 이야기는 이쯤에서 끝내고 지구 온난화를 연구한 다른 과학자들에 대해서 알아볼까요?

## 온실 효과를 연구한 푸리에

지구가 따뜻한 온실과 같다고 처음으로 주장한 과학자는

프랑스의 수학자이자 물리학자로 유명한 푸리에(Jean Baptiste Fourier, 1768~1830)예요.

푸리에는 특히 열전도와 확산에 대한 연구로 유명해요. 그는 지구 온난화와 관련해서도 아주 중요한 연구를 했어요. 지구가 따뜻한 이유는 무엇일까요? 봄날 우리를 따스하게 비춰 주는 것은 무엇이지요?

__ 태양입니다.

그렇지요. 지구는 태양으로부터 오는 열 때문에 따뜻한 거예요. 좀 더 자세히 이야기하면, 지구를 둘러싸고 있는 대기는 태양으로부터 오는 열(light ray)을 통과시키고 지표면, 즉 지구로부터 나오는 열(black ray)은 흡수하는 성질을 가지고 있어요. 이렇게 대기가 지구의 열을 완전히 지구 밖으로 방출하지 않도록 하는 것이지요. 그래서 지구는 따뜻한 거예요.

이런 대기의 성질을 처음으로 연구하여 발표한 사람이 바로 푸리에예요. 그렇지만 푸리에는 대기 중 어떤 기체가 이런 일을 하는지는 구체적으로 알지 못했어요. 대기 중 어떤 기체가 지구를 온실처럼 따뜻하게 하는지는 아일랜드의 물리학자 틴들이 밝혀냈지요.

## 공기의 습도로 온실 효과를 알아낸 틴들

여러분은 혹시 틴들 현상을 알고 있나요?

__ 아니요, 선생님. 처음 들어 보는데요?

틴들 현상이란 투명한 물질 가운데 콜로이드 입자 같은 많은 작은 입자가 분산되어 있을 때, 투사된 광선이 미립자에 의해 산란되어 광선의 통로가 밝게 보이는 현상이랍니다. 이를 연구한 사람이 바로 틴들(John Tyndall, 1820~1893)이에요.

1865년 틴들은 공기가 건조할 때보다 습할 때, 즉 공기의

습도가 높을 때 많은 열을 흡수한다는 것을 발견했어요. 이 것은 수증기가 많은 열을 흡수하여 지구를 따뜻하게 한다는 것이지요.

과학자들은 정말 대단하지요? 어떻게 많은 것들을 실험을 통해 알아낼까요? 하지만 이는 어느 한 사람에 의해서만 이루어진 게 아니란 걸 알고 있지요? 선임 과학자들의 연구 결과를 후세의 과학자들이 이어서 연구하면서 조금씩 발전시켜 더 큰 결과물을 만들어 내는 것이랍니다. 지구 온난화에 대한 연구도 마찬가지예요.

그렇다면 처음으로 지구 온난화를 발표한 과학자는 누구일까요?

## 지구 온난화를 최초로 발표한 아레니우스

최초로 지구 온난화 현상을 구체적으로 연구하여 발표한 사람은 스웨덴의 물리화학자인 아레니우스(Svante Arrhenius, 1859~1927)예요. 어디서 들어 보지 않았나요? 바로 《루이스가 들려주는 산, 염기 이야기》에서 등장했던 과학자예요.

__ 아, 물에 녹아 수소 이온을 내놓는 물질을 산, 물에 녹아 수산화 이온을 내놓는 물질을 염기라고 주장했던 과학자이지요?

네, 그래요. 노벨상까지 수상한 유명한 과학자로, 아레니우스가 지구 온난화 이론을 처음으로 제안했어요.

아레니우스는 18세기 영국의 산업 혁명 이후에 화석 연료의 사용량이 늘어나면서 이산화탄소 배출량이 급격히 증가했음을 주목했어요. 그리고 온실 효과의 원리에 근거하여 공기 중 이산화탄소의 양이 2배가 되면 온도가 5℃ 높아질 수 있다고 주장했어요.

이것은 현대의 연구 결과인 이산화탄소의 양이 2배가 되면 온도가 2℃ 올라간다는 것과는 차이가 있지만, 이산화탄소의 양이 증가함에 따라 기온이 올라간다고 예상한 것은 옳은 주

장이에요. 변변한 실험 기구도 없던 110년 전에 이런 주장을 했다는 것은 정말 대단한 일이에요. 아레니우스는 이처럼 이산화탄소와 지구 온난화의 관계를 밝히는 데 최초로 성공한 과학자예요.

아레니우스는 또 이산화탄소의 양이 줄어드는 것이 빙하 시대의 발생 원인이라는 주장도 제기했지만 이는 받아들여지지 않았어요. 빙하 시대가 나타나게 된 이유는 지구의 공전 궤도가 변하면서 일어났다는 것이 현대 과학의 연구 결과랍니다. 이렇게 우리가 알고 있는 지식이나 과학 이론은 시대가 달라지면, 즉 과학 기술이 발달해서 새로운 연구 결과들을 얻게 되면 변하기도 합니다. 대표적인 예로 천동설(태양이 지구를 중심으로 돈다는 학설)을 들 수 있어요. 옛날에는 많은 사람들이 천동설을 믿었지만 과학 기술이 발달하면서 천동설로 설명할 수 없는 증거들이 나타나기 시작했어요. 결국 오늘날은 지동설(지구가 태양을 중심으로 돈다는 학설)이 천동설을 대치하여 올바른 과학 이론으로 자리 잡고 있지요.

이번 시간에는 지구 온난화가 역사적으로 어떤 과정을 통해 밝혀지게 되었는지 알아봤어요. 다음 시간에는 태양이 지구를 어떻게 따뜻하게 하는지에 대해서 좀 더 자세히 알아보기로 해요. 그래야 지구 온난화에 대한 본격적인 이야기를 할 수 있어요. 그럼 다음 시간에 만나요.

선생님은 지구 온난화에 대해 어떤 연구를 하셨나요?
난 대기 중 이산화탄소의 양을 측정했고, 어떻게 변해 왔는지를 밝혀 냈답니다.
[Carbon dioxide] (ppm)
380.0
370.0
360.0
350.0
340.0
330.0
320.0
310.0
1960
1985 1990 199
킬링(Keeling)이 마우나로아(Mauna Loa)에서 관측한 이산화탄소

그럼 선생님께서 지구 온난화 이론을 만드신 게 아닌가요?
네. 나보다 먼저 지구 온난화를 연구한 과학자들이 있어요. 지구가 따뜻한 온실과 같다고 처음으로 알려 준 과학자는 푸리에예요.
지구는 따뜻한 온실과 같답니다.


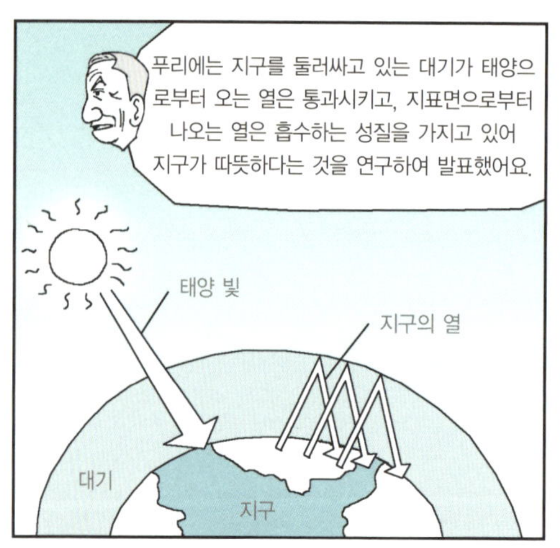

푸리에는 지구를 둘러싸고 있는 대기가 태양으로부터 오는 열은 통과시키고, 지표면으로부터 나오는 열은 흡수하는 성질을 가지고 있어 지구가 따뜻하다는 것을 연구하여 발표했어요.
태양 빛
지구의 열
대기
지구

하지만 푸리에는 공기 중 어떤 기체가 이러한 일을 하는지는 알지 못했어요. 틴들이 이 수수께끼를 해결했죠. 바로 수증기가 많은 열을 흡수하여 지구를 따뜻하게 한다는 것을 밝혔어요.
공기의 습도가 높을 때 더 많은 열을 흡수하는군.

그럼 누가 지구 온난화를 처음으로 주장했나요?
지구 온난화 이론을 처음으로 발표한 과학자는 아레니우스예요.
내가 지구 온난화 이론을 처음으로 발표한 아레니우스입니다.

아레니우스는 산업 혁명 이후 화석 연료의 연소가 급증하면서 이산화탄소 배출량이 늘어나 지구의 온도가 높아질 수 있다고 주장했어요.
와, 변변한 실험 기구도 없던 110년 전에 그런 주장을 했다니 정말 대단하네요.

# 지구를 따뜻하게 만드는 태양

태양으로부터 오는 열이 지구를 따뜻하게 만들어요.
어떤 원리로 지구가 따뜻하게 될까요?

# 지구를 따뜻하게 만드는 태양

오늘따라 유난히 햇볕이 쨍쨍 내리쬐는군요. 날씨가 화창해서 그런지 여러분의 표정이 밝고, 기분까지 무척 좋아 보이네요.

__ 선생님의 표정이 더 밝아 보여요. 마치 저 태양처럼요.

하하, 그런가요? 난 여러분과 함께 수업하는 것이 즐거워서 그렇답니다. 자, 그럼 오늘도 신나게 공부해 볼까요?

지난 시간에는 지구 온난화가 어떻게 밝혀지게 되었는지 여러 과학자들의 업적을 알아봤어요. 오늘은 지구 온난화를 더 자세히 알아보기 위해 지구는 어떻게 따뜻해지는지, 즉

지구의 열은 어떻게 만들어지는가에 대해 알아보겠어요.

## 태양 복사와 지구 복사

태양계 행성 가운데 지구처럼 사람이 살기에 적당한 온도를 가지고 있는 행성이 또 있을까요? 다른 행성들은 너무 춥거나 너무 더워서 사람이 살 수 없어요. 그럼 지구의 기온은 어떻게 해서 적당히 따뜻하게 유지되는 것일까요?

여러분도 잘 알고 있듯이 지구는 스스로 따뜻하게 만들지 못합니다. 지구가 따뜻한 이유는 무엇 때문이지요?

__ 태양 때문이에요.

맞았어요. 지구는 태양으로부터 오는 열을 받기 때문에 따뜻해요. 지구는 태양처럼 스스로 빛을 내지 못하기 때문에 항성이라고 하지 않고 행성이라고 해요. 태양의 표면 온도는 약 6,000K(5,727℃)로 매우 높아요. 이렇게 높은 열이 태양으로부터 뿜어져 나와 지구에 전달되면 지구는 이 열을 흡수하는 것이지요.

태양이 이렇게 열을 뿜어내는 것을 복사라고 하는데, 태양으로부터 열이 나온다고 해서 태양 복사라고 해요. 반대로

지구로부터 열이 나오면 지구 복사라고 합니다.

 __ 선생님, 그런데 지구는 태양처럼 스스로 빛을 내지 못하는데 어떻게 열이 나오나요?

 아주 좋은 질문을 했어요. 지구 복사는 태양으로부터 받은 열을 지구가 다시 내놓는 것을 말해요. 즉, 지구가 스스로 열을 만들어 내는 것은 아니에요.

 그런데 태양 복사와 지구 복사는 약간 다른 성질을 가지고 있어요. 태양 복사는 파장이 짧은 단파로 되어 있어 지구의 공기층인 대기를 뚫고 지나갈 수 있어요. 하지만 태양으로부터 받은 열을 다시 방출하는 지구 복사는 파장이 긴 장파예요. 장파는 공기 중의 수증기와 이산화탄소 등에 의해 잘 흡수되는 성질을 가지고 있어요.

이런 성질 때문에 지구 복사에 의해 방출되는 열은 대기 밖으로 모두 나가지 못하고 대기 안에 갇히는 것이지요. 이렇게 갇혀 흡수된 열 때문에 지구는 따뜻한 거예요. 마치 태양에서 오는 열이 밖으로 빠져나가지 못하도록 지구 대기가 비

### 과학자의 비밀노트

**단파 복사와 장파 복사**

복사란 물체로부터 방출되는 전자기파의 총칭으로 적외선 · 가시광선 · 자외선 · X선 등이며, 절대 온도가 0이 아닌 모든 물체는 복사 에너지를 흡수하고 그 물체 스스로 복사 에너지를 전자기파의 형태로 방출한다. 특히 온도가 높은 천체일수록 파장이 짧은 복사 에너지를 방출하는데, 태양 복사 에너지와 지구 복사 에너지의 파장이 차이가 나는 것은 태양의 표면 온도가 지구의 표면 온도보다 훨씬 높기 때문이다.

태양 복사 에너지의 약 99%는 0.15~4.0㎛의 파장 범위에 해당하는데, 특히 약 0.5㎛의 파장 영역에서 태양 복사 에너지의 세기가 최대가 된다. 이처럼 태양 복사 에너지는 파장이 짧기 때문에 단파 복사라고 한다. 반면에 표면 온도가 약 288K(15℃)인 지구가 방출하는 복사 에너지는 4~40㎛ 파장 영역에 분포하는 적외선이며, 이 중 약 10㎛ 영역에서 에너지의 세기가 최대가 된다. 태양 복사 에너지에 비해 파장이 긴 지구 복사 에너지를 장파 복사라고 한다. 장파 복사인 지구 복사는 지표면에서 내보내는 지표 복사와 대기가 내보내는 대기 복사를 모두 포함한다.

닐하우스 역할을 하는 셈이지요. 만약 지구가 태양으로부터 받은 열을 흡수하지 않고 모두 방출한다면 지구는 차가운 행성이 될 거예요.

이처럼 태양 복사에 의해 지구에 도달된 열의 일부는 지표면에 흡수되고 나머지는 지구 복사로 방출돼요. 이때 방출되는 지구 복사의 일부는 대기의 수증기와 이산화탄소 등에 의해 흡수되어 지구는 항상 일정한 온도를 유지한답니다.

다시 말해 대기의 수증기와 이산화탄소 등의 기체는 태양 복사와 같은 단파 복사는 잘 통과시키지만, 지구 복사와 같은 장파 복사는 잘 통과시키지 않아 지구의 온도를 일정하게 유지시킬 수 있습니다. 이것이 바로 대기의 보온 효과라고 하는 온실 효과입니다.

## 온실 효과

온실 효과는 지구의 복사 평형에 영향을 미칩니다. 다음 페이지의 그림에서 보는 것과 같이 태양 복사(단파 복사)로 지구에 들어온 70%의 열은 지구 복사(장파 복사)로 다시 방출되어 지구는 복사 평형을 이루게 되는 것이지요.

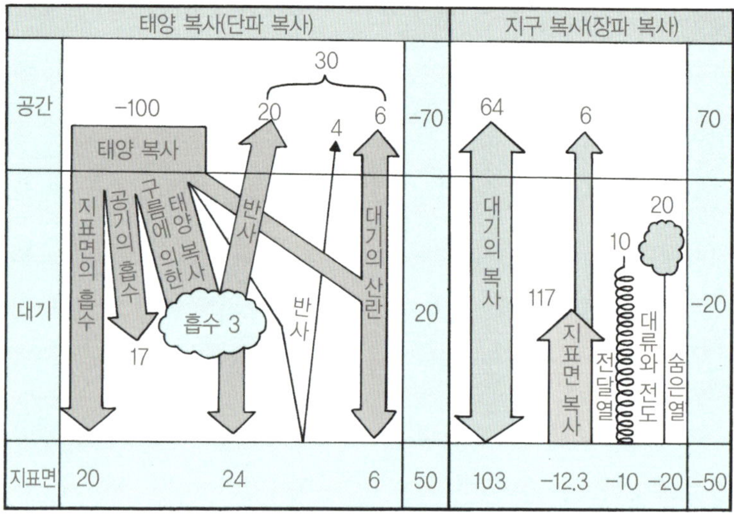


지표면과 대기의 열수지

지구의 복사 평형에 대해 자세히 이야기해 보면, 위의 그림에서 보는 것과 같이 태양 복사를 100%로 보았을 때, 지구의 대기에 의해서 20%가 흡수(공기에 의해 17%, 구름에 의해 3% 흡수)되고, 지표면에 의해 50%가 흡수됩니다. 그리고 나머지 30%는 지구 밖으로 반사됩니다.

지구 복사는 대기가 167%의 장파 복사를 하는데, 이 중 64%는 지구 밖으로 방출하고 103%는 지표면으로 다시 돌아옵니다. 지표면은 123%를 방출하는데, 이 중 117%는 대기에서 흡수하고 나머지 6%는 다시 지구 밖으로 방출됩니다. 이렇게 지구의 복사 평형은 완성되는 것입니다.

이러한 열의 출입은 지구 전체로 보았을 때, 1년간의 열의 출입은 평형을 이루지만 위도와 계절에 따라서는 약간의 차이가 있어 열의 부족이나 과잉이 나타납니다. 이 불균형은 대기의 순환이나 해류의 순환을 통해 지구 전체로서의 열평형을 만들게 됩니다. 이렇게 지구는 작은 톱니바퀴 하나하나가 잘 맞춰져 돌아가는 거대한 하나의 기계처럼 평형을 이루면서 일정하게 돌아가고 있지요.

그런데 거대한 기계 속의 작은 톱니바퀴의 톱니 하나가 커지거나 작아진다면 어떻게 될까요? 기계는 바로 멈추고 말 것입니다. 마찬가지로 지구를 따뜻한 온실처럼 만드는 수증기와 이산화탄소 등 기체의 양이 달라진다면 지구의 열평형

시스템은 어떻게 될까요?

수증기나 이산화탄소 등 기체의 양이 많아진다면 지구에 도달하는 태양 복사로 인한 열은 변함이 없겠지만 지표면에서 방출하는 열(지구 복사)이 증가된 수증기와 이산화탄소 등의 기체에 의해 그만큼 지구 밖으로 방출되지 못하고 대기 중에 많이 남아 있게 될 것입니다. 그러면 지구는 지금보다 더 따뜻해질 거예요.

즉 지구 복사로 인한 열을 수증기와 이산화탄소 등의 기체가 증가한 만큼 더 많이 흡수하게 되어 지구는 더욱 따뜻해질 것입니다. 바로 지구가 점점 따뜻해지는 지구 온난화가 발생하게 되는 것이지요.

오늘은 지구를 따뜻하게 만드는 열이 태양으로부터 오고, 또 태양으로부터 온 열이 어떻게 지구를 따뜻하게 만드는지에 대해 알아봤습니다. 다음 시간에는 지구를 따뜻하게 만드는 온실가스에 대해 자세히 알아보겠습니다.

만화로 본문 읽기

지구는 다른 행성과 달리 어떻게 사람이 살기에 적당한 온도를 유지할 수 있는 걸까요?
지구는 태양으로부터 받은 열을 방출할 때 대기가 있어 모든 열이 지구 밖으로 빠져나가지 못하기 때문이에요.
지구에 난로라도 있는 건가?


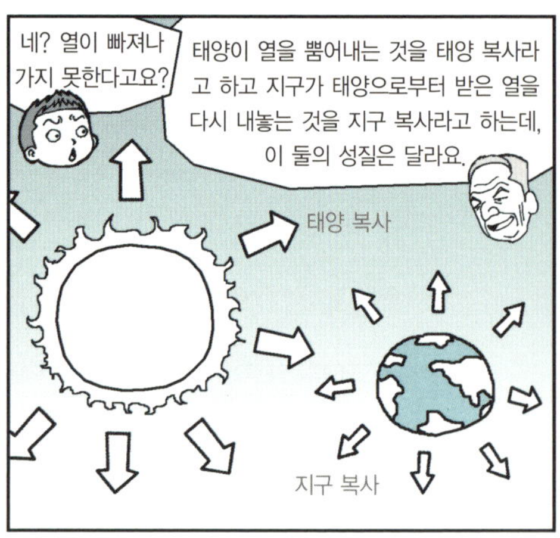

네? 열이 빠져나가지 못한다고요?
태양이 열을 뿜어내는 것을 태양 복사라고 하고 지구가 태양으로부터 받은 열을 다시 내놓는 것을 지구 복사라고 하는데, 이 둘의 성질은 달라요.
태양 복사
지구 복사

태양 복사는 단파장으로 지구의 대기를 뚫고 지나가지만 지구 복사는 장파장으로 수증기와 이산화탄소 등에 흡수되지요. 따라서 지구 복사에 의해 방출되는 열의 일부는 대기 안에 갇히게 돼요.
단파
통과
대기
장파
흡수

마치 지구가 거대한 비닐하우스 같네요.
맞아요. 이것이 바로 대기의 보온 효과라고 하는 온실 효과예요. 온실 효과 덕분에 지구가 일정하게 따뜻한 온도를 유지하는 거예요.
대기 비닐하우스


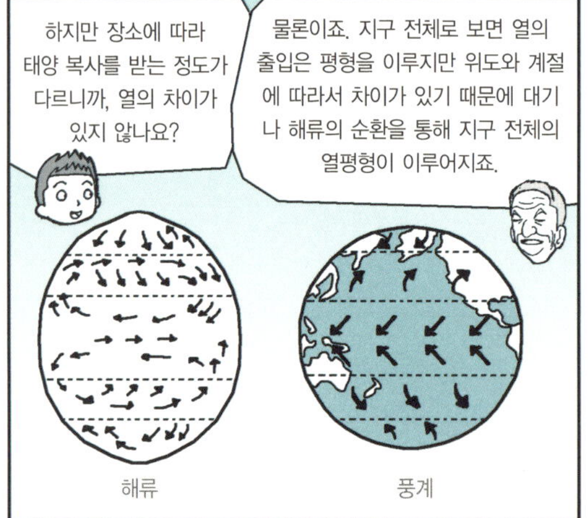

하지만 장소에 따라 태양 복사를 받는 정도가 다르니까, 열의 차이가 있지 않나요?
물론이죠. 지구 전체로 보면 열의 출입은 평형을 이루지만 위도와 계절에 따라서 차이가 있기 때문에 대기나 해류의 순환을 통해 지구 전체의 열평형이 이루어지죠.
해류
풍계

그런데 이산화탄소의 양이 많아지면서 방출되지 못한 열에 의해 지구가 따뜻해지는 지구 온난화가 점점 더 심화되고 있답니다.
아, 그렇군요.

# 지구를 따뜻하게 만드는 기체

지구를 따뜻하게 만드는 기체는 여러 가지가 있어요.
지구 온난화를 일으키는 기체는 무엇이 있는지 알아볼까요?

# 지구를 따뜻하게 만드는 기체

킬링이 더위를 쫓으려는 듯 손 부채질을<br>하며 네 번째 수업을 시작했다.

## 북극곰의 눈물

더운 여름날 시원한 팥빙수를 먹으려다 어느새 녹아 버린 얼음을 보면서 아쉬웠던 적이 있나요? 따뜻한 주변 공기 때문에 얼음이 녹아 버린 것이지요.

그런데 만약 북극의 얼음이 모두 사라진다면 어떻게 될까요? 인터넷 뉴스 중에 '바닷물의 반은 북극곰의 눈물이 아닐까?' 라는 기사가 있었어요. 이것은 날이 갈수록 북극의 얼음이 조금씩 녹고 있어 살 곳을 잃어버린 북극곰들이 늘어난다

는 이야기예요. 바닷물이 북극곰의 눈물이라니, 북극곰의 슬픔이 얼마나 클지를 짐작할 수 있겠지요?

그렇다면 북극의 빙하는 왜 녹는 것일까요?

__ 지구 온난화 때문이에요.

그래요. 지구 온난화는 앞 시간에도 설명했지만, 온실 효과가 예전보다 심해져서 나타나는 현상이에요. 즉, 온실 효과를 일으키는 대기 중 기체의 양이 점점 많아져서 온실 효과가 더 심해지는 것이지요.

조금 더 쉽게 이야기해 볼까요? 맛있는 딸기와 방울토마토를 기르는 비닐하우스가 있다고 생각해 보세요. 원래는 한 겹으로 되어 있던 지붕과 벽을 두 겹으로 하면 어떻게 될까요? 그만큼 보온 효과가 더 커지겠지요? 마찬가지로 지구 복사를 흡수하는 대기 중 기체의 양이 10개에서 11개, 12개, 13개, …… 이렇게 늘어난다면 평상시에는 지구 밖으로 방출해 버리는 열까지 흡수하게 되어 지구는 그만큼 더 따뜻해지는 것이지요.

## 온실 효과를 만들어 내는 온실가스

온실 효과를 발생시키는 기체를 온실가스라고 하는데, 온실가스에는 어떤 것들이 있을까요?

자연적인 온실 효과는 주로 수증기, 이산화탄소, 메테인, 할로카본, 일산화이질소, 오존 등의 기체에 의해 발생됩니다. 자연적인 온실 효과에 의한 온도 변화는 288K(15℃)인 지구의 평균 지상 온도와 255K(−18℃)인 지구의 복사 평형 온도 사이의 차이인 33K이에요.

만일 지구에 온실 효과가 전혀 없다면 어떻게 될까요? 지구는 복사 평형 온도인 255K(−18℃)로 유지되어 모든 생명체는 얼어붙게 될 거예요.

따라서 자연적인 온실 효과는 우리에게 해를 가하는 것이

### 온실가스별 지구 온난화 지수(GWP)

| 온실가스 | 지구 온난화 지수 |
| --- | --- |
| 이산화탄소 | 1 |
| 메테인 | 21 |
| 일산화이질소 | 310 |
| 수소플루오린화탄소 | 150~11,700 |
| 과플루오린화탄소 | 6,500~9,200 |
| 육플루오린화황 | 23,900 |

*출처 : IPCC 제2차 평가 보고서(1995)

아니라 우리가 살아갈 수 있도록 적정한 온도를 유지해 주는 온도 시스템인 것입니다.

그런데 문제가 되는 것은 온실가스의 양이 점점 증가하면서 지구의 온도가 적정 수준을 넘어서 마침내는 지구가 뜨거워질 수 있다는 거예요. 이런 지구 온난화를 막기 위해서는 이를 야기하는 온실가스에 대해 알아야겠지요? 지금부터 온실가스에 대해 하나하나 알아보도록 해요.

## 온실 효과를 가장 많이 발생시키는 수증기

온실가스 중에서 온실 효과를 가장 많이 발생시키는 것은 무엇일까요?

바로 수증기랍니다. 자연적인 온실 효과의 89%를 차지할 만큼 수증기는 지구에서 방출하는 열을 아주 많이 흡수하는 기체입니다.

그렇지만 수증기는 자연적으로 발생하는 기체로 매년 거의 일정한 수준의 양만 발생해요. 따라서 지구 온난화와는 다소 무관하다고 할 수 있지요.

그럼 수증기 외에 온실가스에는 어떤 것들이 있을까요?

## 지구 온난화의 주범, 이산화탄소

아레니우스가 지구 온난화에 대해 발표한 이후에 지구 온난화의 첫 번째 원인으로 이산화탄소가 지목되었어요. 이산화탄소는 다른 온실가스와 비교해서 지구 온난화에 미치는 영향이 약 60%를 차지하고 있어 지구 온난화의 주범이라고 할 수 있어요. 이처럼 이산화탄소가 지구 온난화의 주원인으로 꼽히는 까닭은 이산화탄소 농도의 증가 때문이에요.

두 번째 수업 시간에 내가 하와이의 마우나로아 화산 정상부에서 대기권의 이산화탄소 농도를 측정했던 일을 이야기

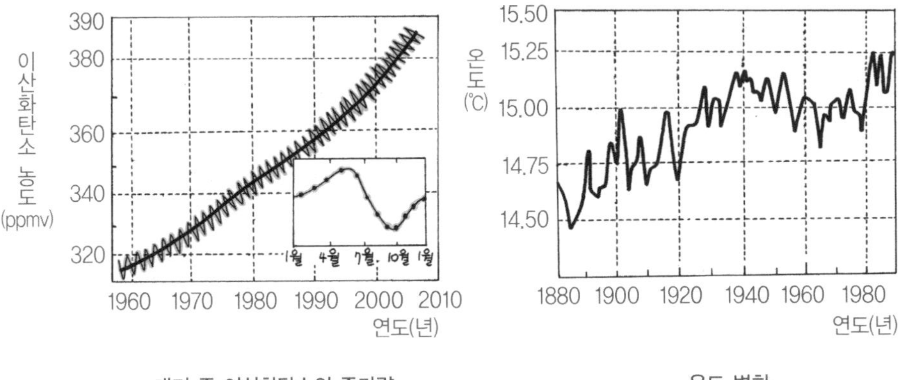



대기 중 이산화탄소의 증가량        온도 변화

했지요? 측정 결과, 놀라운 사실을 알게 되었어요.

첫째, 이산화탄소 양의 변화는 매년 주기적으로 변한다는 거예요. 위의 왼쪽 그래프에서 볼 수 있듯이 1년을 주기로 이산화탄소의 양이 감소하다가 증가하는 것을 볼 수 있지요? 바로 식물이 자라는 계절에는 식물이 이산화탄소를 흡수하여 대기 중의 이산화탄소 농도가 감소하고, 식물이 자라지 않는 겨울철에는 식물이 흡수하는 것보다 방출하는 이산화탄소의 양이 더 많아 대기 중에 이산화탄소 농도가 증가하는 거예요.

둘째, 오랫동안 이산화탄소의 농도는 지속적으로 증가했고, 이에 따라 지구의 온도도 꾸준히 상승했다는 거예요. 위의 두 그래프의 곡선이 오른쪽으로 갈수록, 즉 해가 거듭될

수록 상승하는 것을 볼 수 있지요? 자연적인 온실 효과를 발생시켜 지구에 생명체가 살 수 있도록 만들었던 이산화탄소가 이젠 그 양이 너무 많아져서 지구에서 생명체가 살 수 없도록 만들고 있는 거예요.

우리는 이산화탄소의 농도가 증가했다는 것을 보고 하나의 의문을 가질 수 있어요. 이산화탄소의 증가가 자연적인가 아니면 인위적인가 하는 것이지요. 과학자들도 이러한 의문의 답을 찾기 위해 연구를 하고 있어요. 어떤 연구를 하고 있을까요?

잠시 답을 찾는 것을 미루고 남극의 빙하 이야기부터 해 볼게요. 이 이야기를 하다 보면 자연스럽게 이산화탄소의 증가에 관한 의문을 해소할 수 있을 거예요.

## 남극의 빙하를 연구하는 과학자

남극은 탐험가들뿐 아니라 과학자들에게도 미지의 대상으로써 연구를 위해 중요한 곳이에요. 요즘 세계 여러 나라들은 남극에 자기 나라의 기지를 세우고 경쟁적으로 연구를 하고 있어요. 실제로 과학자들은 내가 마우나로아 화산에서 이산화탄소의 농도를 측정하기 시작하던 해인 1958년을 전후로 본격적인 남극 연구를 시작하여 많은 성과를 거두었답니다. 한국도 남극에 세종 기지를 세워 이러한 세계적인 흐름에 발맞춰 나아가고 있지요.

과학자들은 남극에서 어떤 연구를 하고 있을까요?

__ 설마 얼음이나 눈에 대해서 연구를 하진 않겠지요?

설마라니요, 바로 맞았어요. 과학자들은 남극에 있는 눈과 얼음을 연구하고 있어요. 정확하게 말하면 과학자들이 남극에서 가장 관심 있게 연구하는 것은 다름 아닌 빙하랍니다.

남극의 빙하는 우리가 흔히 아는 물이 얼어서 만들어진 단순한 얼음덩어리가 아니라, 오랜 시간에 걸쳐 눈이 쌓이고 다져져서 만들어진 것이에요. 그렇기 때문에 빙하 속에는 눈이 쌓일 때의 공기가 그대로 보존되어 있답니다. 즉, 아주 오래전에 내린 눈에는 당시의 공기가 그대로 보존되어 있다는 이야기지요.

왜 내가 갑자기 빙하 이야기를 했는지 이제 감이 오나요? 바로 빙하 속에 숨겨진 공기를 이야기하고자 했던 거예요.

과학자들은 빙하 속에 보존된 공기에서 이산화탄소의 농도를 연구했어요. 과학자들은 연구를 통해 이산화탄소가 지속적으로 증가했는지, 또 이러한 증가가 자연적인지 아니면 인

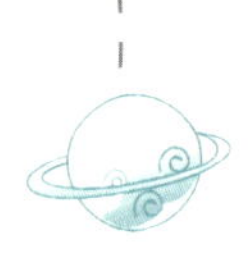

과거 대기 표본 속 공기 방울

위적인지를 알아봤어요.

빙하 속에 보존된 과거 공기의 표본은 작은 공기 방울 형태로 존재해요. 따라서 공기 방울을 가지고 있는 빙하를 녹여서 이산화탄소와 다른 미량 기체의 함량을 측정할 수 있어요. 남극의 보스톡 기지에서 채취한 얼음 속에는 16만 년 전의 대기 기록이 보존되어 있는데, 이를 통해 빙하기와 간빙기 동안의 이산화탄소 농도를 측정할 수 있었어요. 그리고 빙하기보다 간빙기 동안의 이산화탄소 농도가 더 높아졌다는 것을 알 수 있었지요.

즉 빙하기에는 이산화탄소 농도가 높지 않아 온실 효과가 크게 나타나지 않았고 그리하여 지구가 추웠다는 것을 알 수 있지요. 그리고 간빙기 동안의 이산화탄소 농도와 산업 혁명 이전의 이산화탄소 농도가 같다는 것도 밝혀냈답니다.

　__ 왜 산업 혁명을 기점으로 이산화탄소 농도 변화를 말씀하시나요?

　예리한 질문이군요. 그건 산업 혁명을 전후로 이산화탄소 농도가 급격히 변했기 때문이에요. 즉, 산업 혁명이 일어나기 전에는 이산화탄소 농도가 자연 발생량에만 의존하여 거의 일정하게 유지되었지만 산업 혁명 이후 이산화탄소 농도가 급격히 증가했답니다. 과학자들은 이산화탄소 농도의 증가 원인을 산업 혁명 이후의 지속적인 산업 발달, 즉 화석 연료 사용의 급증으로 이야기하고 있어요.

### 과학자의 비밀노트

**빙하기와 간빙기**

빙하기와 간빙기를 합쳐서 빙하 시대라고 하는데, 빙하기는 더 추웠던 시기이고 간빙기는 덜 추웠던 시기이다. 빙하 시대는 주기성을 가지고 있는데 이 주기성은 대기 성분의 변화로 인한 온실 효과, 대륙의 이동, 지구 자전축의 주기적 변화, 태양 에너지의 주기적 변화 등에 의해 나타난다고 알려졌다.

　수증기와 이산화탄소 다음으로 온실 효과에 큰 영향을 미치는 기체는 메테인이에요. 메테인, 어디서 많이 들어 봤지요? 우리가 첫 번째 수업 시간에 아주 많이 맡았던 방귀에 들어 있는 기체예요. 지독한 냄새 때문에 기억이 잘 날 거예요.

　메테인은 이산화탄소보다 열을 흡수하는 능력이 약 25배나 높다고 해요. 엄청나지요? 그래서 온실 효과를 내는 기체 중에 무시할 수 없는 기체이기도 하지요.

　그런데 메테인은 열을 흡수하는 능력이 이산화탄소의 약 25배나 되면서 왜 이산화탄소보다 온실 효과에 기여하는 정도가 작을까요? 그것은 대기 중에 차지하는 농도가 이산화탄

소보다 낮기 때문이에요.

　메테인의 농도는 매년 1% 정도씩 증가하고 있어요. 1%이지만 열을 흡수하는 능력이 이산화탄소의 약 25배인 만큼 그 위력은 무시할 수 없겠지요? 그래서 어떤 나라에서는 가축 등이 메테인 가스를 배출하는 것에 주시하는 거예요.

　이산화탄소의 농도 변화처럼 메테인의 농도 역시 빙하 연구를 통해 인구 증가에 따라 점차 증가해 왔음을 알 수 있어요. 메테인은 농사와 관련된 생물 활동, 가정용 및 산업용으로 사용되는 가솔린에서의 유출 그리고 가축들의 소화 과정에서 나오는 부산물에서 주로 발생해요.

## 오존층을 파괴하는 할로카본

　다음으로 알아볼 온실가스는 할로카본이에요. 할로카본은 플루오린, 염소, 브로민 등의 할로젠 원소와 탄소 또는 탄소와 수소와의 화합물을 통틀어 이야기하는 거예요. 할로카본의 대표적인 기체가 바로 프레온이에요. 냉장고나 에어컨 등에 사용되어 주변 공기를 시원하게 만들어 주는 기체랍니다.

　하지만 프레온은 지구의 오존층을 파괴한다고 해서 다른

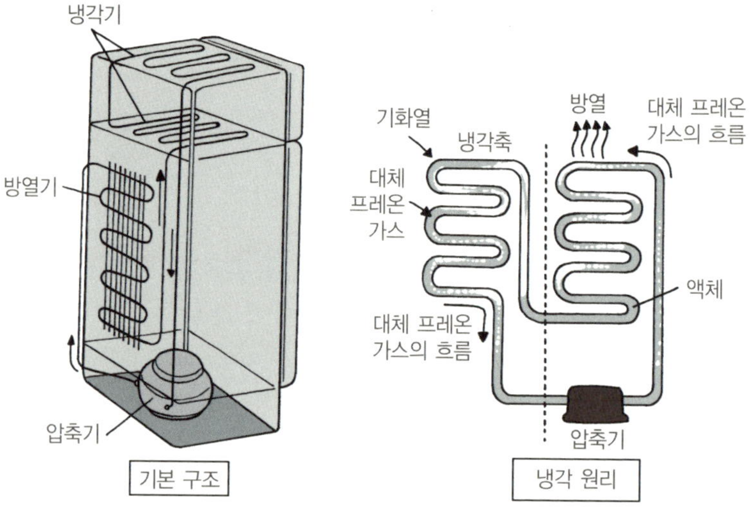


냉장고의 구조와 원리

기체들로 대체되고 있어요. 그런데 프레온 같은 할로카본을 발생시키는 물질이 대부분 공업 물질이다 보니 날이 갈수록 그 사용량이 빠르게 증가하고 있어 대기 중 할로카본의 농도가 급속히 증가하고 있어요. 정말 걱정스러운 일이지요?

그래서 몬트리올 의정서를 체결하고 프레온 같은 할로카본 물질들의 사용을 제한하고 있어요. 하지만 이런 노력에도 불구하고, 프레온을 대체하기 위해 개발된 물질 또한 지구 온난화를 일으키는 온실가스의 일종이라고 하니 우리가 걱정을 놓을 수는 없을 것 같아요. 과학자들은 프레온 같은 할로카본 물질에 대해서 지속적인 관심을 가져야 한다고 주장하고 있어요. 그 이유는 다른 기체와 달리 할로카본은 대기 중에서 체류하는 시간이 무려 1천 년보다 훨씬 길어 지구 온난화에 지속적인 영향을 끼칠 수 있기 때문이에요.

## 일산화이질소

다섯 번째 온실가스는 질소 산화물인 일산화이질소예요. 이 기체는 무색투명하며, 마취성이 있어 외과 수술을 할 때 전신 마취를 위해 사용한답니다. 이것을 흡입하면 얼굴에 경련을 일으켜 웃는 얼굴을 만들기 때문에 '웃음 가스'라고도 해요. 마취제로 사용할 만큼 독성이나 자극성이 약하고 안전한 기체로 분류되는 기체예요.

그런데 일산화이질소의 온실 효과가 이산화탄소의 약 200배나 된다고 해요. 메테인의 온실 효과가 이산화탄소의 약 25배이니, 일산화이질소의 온실 효과는 메테인의 약 8배가 되겠군요. 더욱 위험한 것은 이 기체가 대기 중에 체류하는 시간이 무려 120년이나 된다는 거예요. 정말 무서운 기체이지요?

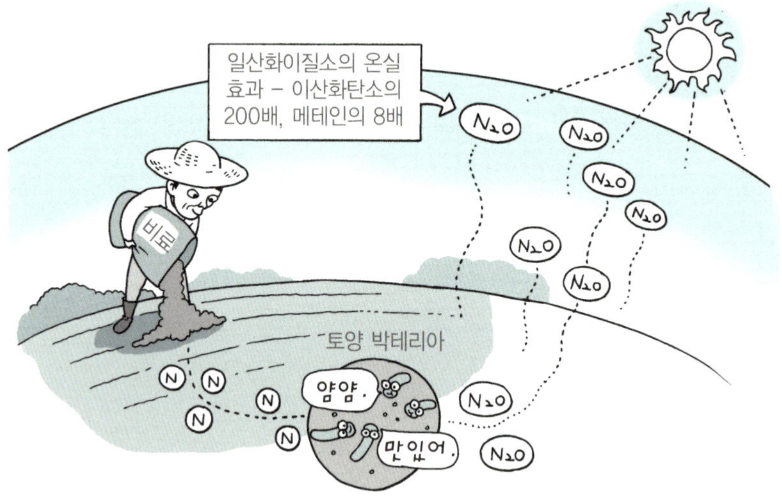


일산화이질소는 토양이나 물속의 미생물에 의해 만들어지는 자연 발생 기체예요. 또한 화석 연료의 소비, 생물 자체 유기물의 연소, 질소 비료의 사용 등에 의해서도 발생해요.

여기에 또 우려되는 것은 일산화이질소가 산업화 기간 중 꾸준히 증가했다는 거예요. 기후 변화와 관련된 전 지구적 위험을 평가하고 국제적 대책을 마련하기 위한 WMO(세계기상기구)와 UNEP(유엔환경계획)이 공동으로 설립한 유엔 산하 국제 협의체인 IPCC(유엔 정부간 기후변화위원회)의 보고에 따르면, 일산화이질소의 연간 증가율은 0.25%로 아주 작아요. 하지만 앞서도 이야기했듯이 이산화탄소의 약 200배

나 되는 일산화이질소의 온실 효과를 생각한다면 작은 증가
율이라도 무심코 지나칠 수 없어요.

## 오존

마지막으로 알아볼 온실가스는 오존이에요. 지구의 대기에
는 오존층이 있는데, 대단히 중요한 역할을 해요. 바로 태양
으로부터 오는 자외선을 막아 주는 역할을 한답니다.

자외선을 많이 쬐면 화상을 입거나 피부암에 걸리는 등 자외선은 인체에 유해한 영향을 미쳐요. 햇빛 때문에 피부가 타는 것을 막기 위해 우리가 바르는 크림이 자외선 차단제라는 것을 알고 있지요? 그때의 자외선을 오존층에서 막아 주는 거예요.

산소 원자 3개로 이루어진 오존 분자들은 지구 상공 24~32km에 떠다니면서 지구 상공 25km 높이에서 한데 뭉쳐 오존층을 형성해요. 하지만 온실 효과를 높이는 오존은 오존층이 형성되는 높이에 존재하는 것이 아니라 그보다 낮은 곳에 위치하여 온실 효과를 발생시키지요. 지표 부근에서 형성되어 떠돌아다니는 오존은 식물의 일차 생산성을 낮추고 탄

### 과학자의 비밀노트

**오존층**

오존층은 성층권에 존재하는데, 대기 중 약 90%의 오존이 이곳에 밀집되어 있다. 오존층의 오존은 태양으로부터 방출되는 자외선을 받아 2개의 산소 원자로 분해되면서 생성된 산소 원자가 다시 산소 분자와 결합하여 만들어진다. 이러한 과정에서 태양으로부터 방출되는 자외선을 흡수하게 되는 것이다. 이런 반복 작용이 방해받지 않는다면 대기 중 오존은 일정한 양으로 균형을 이루게 된다. 그러나 오존층이 프레온 가스에 의해 파괴되고 있어 환경학자들은 매우 우려하고 있다.

소 흡수 능력을 줄이기 때문에 간접적으로 대기 중에 이산화
탄소를 증가시키는 역할을 해요.

　이처럼 오존은 우리에게 이로움과 해로움을 동시에 주는
기체입니다. 갑자기 '넘치면 부족함만 못하다' 는 속담이 떠
오르네요. 또 아무리 좋은 것일지라도 제 역할을 하는 곳에
있어야 한다는 것을 깨닫게 되네요. '오존' 이라는 기체가 있
어야 할 곳은 어디라고요?

　＿ 오존층이요!

만화로 본문 읽기

선생님, 이 온실의 유리처럼 어떤 기체가 온실 효과를 발생시키나요?
온실 효과는 주로 수증기, 이산화탄소, 메테인, 할로카본, 일산화이질소, 오존 등의 기체에 의해 발생되는데 그중 수증기가 온실 효과의 89%를 차지하고 있죠.

89%나요?
네, 그렇지만 수증기는 자연적으로 발생하는 기체이므로 양의 변화가 거의 없어서 지구 온난화와는 다소 무관하다고 할 수 있어요.
전 양의 변화가 거의 없어서 지구 온난화하곤 무관하다고요.
지구 온난화 법정
수증기

그럼 어떤 기체가 지구 온난화와 가장 관련 깊나요?
이산화탄소예요. 다른 온실가스들과 비교해서 지구 온난화에 기여하는 정도가 60%를 차지하니까요.
흐흐흐, 우리가 지구 온난화의 주범이지.
이산화탄소
동식물의 호흡
나무의 연소
화석 연료의 연소

다음으로 온실 효과를 많이 일으키는 기체는 방귀를 이루는 가스의 일종인 메테인이에요. 메테인은 주로 농사와 관련된 생물 활동이나 가솔린에서의 유출 등으로 생성되는데, 이산화탄소의 25배나 되는 온실 효과 능력이 있지만 대기 속 농도가 낮아 그 영향이 작은 거예요.
메테인
초식 동물의 소화 과정

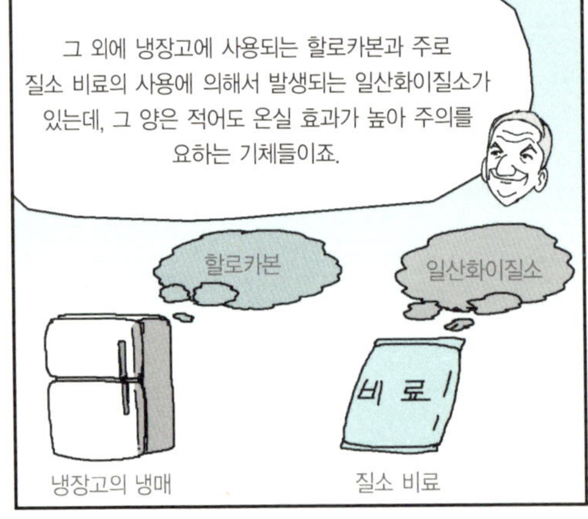
그 외에 냉장고에 사용되는 할로카본과 주로 질소 비료의 사용에 의해서 발생되는 일산화이질소가 있는데, 그 양은 적어도 온실 효과가 높아 주의를 요하는 기체들이죠.
할로카본
일산화이질소
비료
냉장고의 냉매
질소 비료

마지막으로 오존이 있는데, 이 오존은 태양으로부터 오는 자외선을 막는 중요한 역할을 하지만 오존층보다 낮은 곳에 위치한 오존은 온실 효과를 일으켜요.
음, 넘치면 부족함만 못하다는 속담이 떠오르네요.
자외선
우리는 태양의 자외선을 막아 주지.
오존층
흐흐흐, 우리는 온실 효과를 발생시키지.

# 지구 온난화의 증거

지구가 점점 따뜻해지고 있다고 해요.
그런 증거들을 찾아볼까요?

# 지구 온난화의 증거

# 킬링이 지금까지 배운 내용을 복습하면서
# 다섯 번째 수업을 시작했다.

지금까지 배운 내용을 정리해 보면, 지구 온난화라는 것이 어떤 것인지 알겠지요?

지구는 대기의 여러 가지 기체에 의해서 열이 보존되어 하나의 온실처럼 따뜻합니다. 그리고 그 따뜻함의 원천은 바로 태양 복사 에너지라고 했어요. 그런데 산업이 발달하고 인구가 증가하면서 따뜻한 열을 보존해 주는 여러 가지 온실가스의 양이 증가하게 되자 지구의 평균 온도가 점점 올라간다고 했어요. 또 지구 온난화가 나날이 심해지면서 많은 환경 문제를 유발한다고 했지요.

## 지구는 얼마나 따뜻해졌을까?

그렇다면 지구는 얼마나 따뜻해졌을까요? 이것에 관해 이야기할 때는 과학자들도 매우 신중합니다. 이유는 지구의 전체적인 온도 변화를 정확하게 측정할 수 없기 때문이지요. 1850년 이전에는 기계를 이용한 정확한 측정이 이루어진 바가 없으며, 대부분의 측정은 제2차 세계 대전 이후에 이루어진 것이에요.

특히 지구의 70%를 차지하는 해양에 관한 온도 기록은 매우 드물지요. 대부분 해양으로 이루어져 있는 남반구의 자료는 드물기 때문에 지구 전체에 대한 온도 곡선은 주로 북반구에 있는 대륙 지역의 자료로만 작성해요.

19세기 중반 이후에 발표된 지구의 연평균 기온 변화에 관한 자료들을 보면 세부적으로는 다소 다른 곡선을 그리고 있지만, 공통적으로 지난 1세기 동안 지구의 온도는 지속적으로 증가했음을 알 수 있어요.

다음 그래프에서 볼 수 있듯이 1860년 이후로 지구 전체의

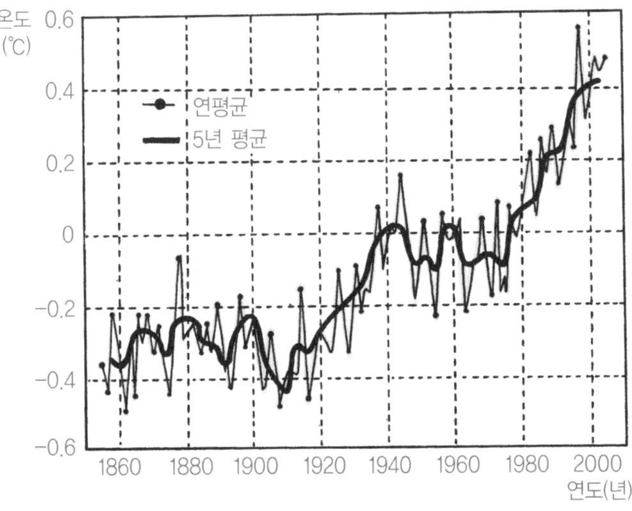


세계의 온도 변화

온도는 약 0.5℃ 증가했어요. 물론 어떤 해에는 온도가 낮아진 때도 있었지만요.

그런데 앞의 그래프에서 볼 수 있듯이 지구의 온도가 증가하는 양상은 대기 속 온실가스의 농도가 증가하는 양상과 거의 일치해요. 이것은 온실가스의 증가가 지구의 온도를 높이는 역할을 했다고 주장할 수 있는 증거인 셈이지요.

하지만 일부 과학자들은 이런 결과는 지구 전체의 역사 길이를 놓고 볼 때 1세기라는 매우 짧은 기간 동안의 온도 변화만을 나타낸 것이므로 기후의 자연적인 변화 범위 내에 속한다고 주장하고 있어요. 즉, 온실가스의 증가 없이도 이 정도의 온도 변화는 자연적으로 일어날 수 있는 결과라고 보는 것이지요.

그러나 무엇보다 중요한 것은 아무리 짧은 기간 동안의 온도 변화라고 해도 현재 지구의 온도가 올라가고 있다는 명백한 사실이에요.

## 0.5℃ 속 지구의 어두운 미래

100년 동안 지구의 평균 온도가 0.5℃ 올라갔다는 것은 어떤 의미를 가질까요? 언뜻 보기에는 매우 작은 온도 변화로 별로 중요치 않은 것처럼 보일 수 있어요. 그러나 이 온도 변화는 지구 전체 온도 변화의 평균 수치예요.

즉 지구 곳곳의 온도 변화는 이보다 더 크거나 더 작을 수 있다는 이야기지요.

미국의 워싱턴에서는 최근 80년 만에 2℃, 일본의 도쿄에서는 100년간 2.8℃의 기온이 상승했다고 해요. 물론 이들 도시의 온도 변화는 전적으로 온난화의 영향(열섬의 영향이 포함됨)은 아니지만 이러한 온도 상승은 지구의 기후 시스템을 바꿔 놓을 수 있다는 점에서 매우 불안한 요소예요.

지구는 대기 순환과 해류 순환에 의해서 공기가 이동하여 기후가 변하는 거예요. 이러한 지구의 거대한 기후 시스템이

### 과학자의 비밀노트

**열섬**

기온 차에 의해서 생기는 현상으로 도시의 기온이 외곽 지역보다 높아져 도시 지역의 등온선을 그리면 그 모양이 섬(島)처럼 되는 것을 말한다. 산업화와 도시화에 의해 발생하는 열이 다른 지역에 비해 도시가 더 많고, 도시의 녹지 면적이 줄어들고, 대기 오염 등으로 인해 도시 상공의 기온이 높아져 이런 현상을 만들게 된다. 열섬 현상은 특히 겨울에 강하게 나타난다.

어떤 지역의 온난화에 의해서 깨진다면 지구의 한쪽에서는 폭설이 내리고 또 어느 곳에서는 폭우가 내려 홍수가 일어나고, 다른 곳에서는 가뭄을 겪게 되는 것이에요. 첫 번째 수업 시간에 이야기했던 유럽의 폭우나 일본의 폭설 등이 바로 이러한 기후 시스템이 깨지면서 이상 기후 현상이 나타난 것이라고 할 수 있어요.

그럼 지구 온난화에 대해 과학자들이 이야기하는 구체적인 증거들에는 무엇이 있을까요? 지금부터 세계 각지에서 그 증거들을 찾아봅시다.

## 아프리카에서 찾은 지구 온난화의 증거

먼저 어디를 가 볼까요? 동물들이 마음껏 뛰어노는 아프리카로 가 볼까요? 아프리카에는 어떤 지구 온난화의 증거가 있을까요?

여기서 잠깐 내가 퀴즈를 하나 낼게요. 아프리카에는 눈이 있을까요, 없을까요?

__ 아프리카처럼 더운 나라에 무슨 눈이 있어요?

__ 아니에요. 아프리카에도 눈이 있다고 들었어요.

정답은 아프리카에도 눈이 '있다' 예요. 아프리카의 탄자니아라는 평원에는 우뚝 솟아 있는 산이 하나 있어요. 바로 킬리만자로 산이에요. 킬리만자로 산의 꼭대기는 하얀 만년설로 뒤덮여 있지요.

아프리카에서 하얀 눈을 볼 수 있다니! 생각만 해도 신기하지요?

__ 선생님, 그런데 지구 온난화에 대해 이야기하시다가 왜 갑자기 킬리만자로 산의 만년설을 이야기하시나요?

그건 킬리만자로 산에 있는 만년설이 조금씩 녹고 있는데, 이것이 지구 온난화를 뒷받침하는 증거이기 때문이지요.

과학자들은 아프리카에서 눈을 볼 수 없는 날이 곧 올 거라고 예언을 하고 있어요. 2020년쯤 되면 아마 눈이 다 녹고 없

을 거라고 해요. 바로 이러한 일이 지구 온난화에 의해서 일어나고 있는 것이지요.

더 큰 문제는 지구 온난화에 의해 만년설이 녹는 일이 아프리카에서만 벌어지는 게 아니라는 거예요. 과학자들은 알프스 산맥에 있는 만년설도 예외가 아니라고 이야기하고 있어요. 알프스 산맥에 있는 그 많은 만년설이 다 녹아내릴 수 있다는 거예요.

자, 이번에는 북극으로 가 볼까요?

## 북극에서 얼음이 사라진다?!

몇 년 전 미국의 유명한 인터넷 뉴스에 이런 보도가 났어요. '올 여름 북극에서 얼음이 사라질 가능성이 높아졌다' 정말 북극에서 얼음이 사라질 수 있을까요?

앞에서 공부한 내용을 생각해 본다면, 가능한 일이라는 걸 여러분도 짐작할 수 있을 거예요. 또 어떤 과학자는 '북극 바닷물의 절반은 북극곰의 눈물이다' 라는 말까지 했어요. 모두 지구 온난화에 의해 북극의 빙하가 녹고 있음을 시사하지요.

미국의 국립빙설자료센터의 보고에 의하면 1978년 이후 북극의 빙하는 매년 평균적으로 미국 뉴저지 주의 약 2배에 달하는 4만 4천km$^2$씩 줄어들고 있다고 해요.

어느 정도의 넓이인지 감이 잘 안 온다고요? 한국을 예로 들어 볼까요? 제주도의 넓이가 약 1만 8천km$^2$이니까, 매년 북극의 빙하가 녹는 면적은 제주도의 2.5배 정도 크기라고 할 수 있어요.

그러니까 매년 제주도만 한 크기의 빙하가 2개 하고도 $\frac{1}{2}$개가 더 없어지는 거예요. 정말 이러다가는 북극의 빙하가 금방 없어질 것 같아요.

더욱 우려되는 것은 빙하의 두께가 점점 얇아진다는 거예

요. 얼음이 다시 얼어야 하는데 날씨가 너무 따뜻해서 어는 속도가 녹는 속도를 따라잡지 못하는 것이지요.


## 지구 온난화, 지구를 20층 높이의 얼음으로 뒤덮다

북극해를 덮고 있는 얼음의 두께를 측정한 결과 1970년대에 비해 무려 40%나 얇아졌다고 해요. 여기서 잠깐! 어떤 학생들은 북극의 빙하가 녹기 때문에 북극의 해수면이 더 높아져서 문제가 생길 거라고 생각하고 있어요. 이것은 잘못된 생각이에요.

북극의 빙하는 바다에 떠 있기 때문에 녹더라도 해수면이

크게 높아지지 않아요. 하지만 대륙 위에 얼음이 얼어 있는 남극은 그렇지 않지요. 즉, 해수면이 높아지는 것을 염려해야 하는 곳은 남극과 그린란드예요. 빙하가 대륙 위에 있기 때문에 빙하가 녹으면 바다로 흘러들어가 해수면이 높아져서 위험한 상황이 벌어질 수도 있지요.

조금 더 실감 나게 상상해 볼까요? 지구 온난화에 의해서 남극 대륙의 빙하가 모두 녹아 버린다면 어떤 일이 벌어질까요? 그런 상상을 하기 위해서는 남극 대륙에 있는 빙하의 양을 알아야겠지요?

남극 대륙의 표면적은 지구 표면적의 약 $\frac{1}{36}$ 이에요. 게다가 남극에 있는 빙하의 평균 두께가 2,160m라고 하니 그 양이 어마어마하지요?

$2,160 \div 36 = 60m$ 이니까 남극 대륙에 있는 빙하를 가지고 지구를 감싼다면 지구는 60m 높이의 얼음으로 뒤덮이게 되겠군요. 한 층의 높이를 3m라고 계산하면 지구는 20층 높이의 얼음 빌딩으로 뒤덮이는 셈이지요.

얼음으로 뒤덮인 지구보다 그 얼음이 녹아서 일어날 수 있는 일을 상상해 보세요. 몇 년 전 상영했던 〈투모로우〉라는 영화가 생각나네요.

특히 지구에 홍수가 난 후 모든 것이 얼어 버린 장면이 떠

오르는군요. 이 장면 역시 지구 온난화 때문에 나타나는 이
상 기후로 설명할 수 있어요.

얼음 이야기는 이제 그만하지요. 갑자기 모든 생각들이 얼
어 버리는 것 같으니까요.

## 우리는 식수를 어디서 구해야 하는가?

지금까지 킬리만자로 산의 만년설과 극지방에 있는 빙하가
지구 온난화의 영향으로 점점 녹고 있다는 이야기를 했어요.

이는 단순히 얼음이 녹는 문제로 치부할 수 없어요. 왜냐하면 우리가 먹는 물과 밀접한 관련이 있기 때문이지요.

특히 히말라야 산맥에 있는 만년설은 아시아 대륙의 식수를 공급하는 주공급원입니다. 그리고 빙하 또한 전 세계 사람들이 먹는 식수의 40%를 공급하고 있지요.

그런데 이런 만년설과 빙하가 지금처럼 녹는 속도가 빨라진다면 우리가 먹을 물이 점점 없어지고 말 것입니다.

옛날에는 물을 사 먹는 일이 없었어요. 그러나 요즘에는 많은 사람들이 물을 사 먹고 있습니다. 그만큼 식수로 사용할 만한 물이 많지 않다는 것을 말해 주는 것이지요. 이런 상황

에서 우리의 식수원인 만년설과 빙하가 빠른 속도로 녹고 있다는 것은 정말 걱정스러운 일이 아닐 수 없어요. 이제부터라도 물을 아껴 써야겠지요? '늦었을 때가 가장 빠르다' 라는 속담도 있잖아요.

## 지구 온난화 때문에 바닷물로 김장을 담글 수도 있다

지구 온난화 이야기는 잠깐 접어 두고, 혹시 누구나 수영을 할 수 있다는 바다 이야기를 들어 본 적 있나요?

__ 네, 사해 말씀이시지요?

그래요. 이스라엘과 요르단 사이에 있는 사해는 수천 년에 걸쳐 자연적으로 형성된 바다예요. 사해의 염도는 일반 바다보다 약 10배나 더 높지요. 그래서 수영을 못하는 사람도 사해에서는 몸이 둥둥 떠서 수영을 잘할 수 있어요.

사해의 염도가 얼마나 높으냐 하면, 한국에서 김장을 할 때 배추를 절이는 과정에 사용하는 물의 염도가 약 25%인데 사해의 염도는 그보다 높은 30% 정도라고 하니 어느 정도인지 감이 오지요?

그런데 지구에 있는 다른 바다가 사해만큼은 아니더라도

점점 짜지고 있어요. 다시 말해 바다의 염도가 점점 높아지고 있어요. 이것 역시 지구 온난화 때문이지요.

지구의 평균 기온이 올라감에 따라 바닷물의 온도가 올라가서 수분 증발이 늘어나게 되어 나타나는 현상이에요. 이러한 수분 증발은 해수의 순환을 방해하기도 해요. 이것 때문에 영국 등 북쪽 위도의 습지대는 더 습해지고 동아프리카 등 열대 지역은 더 건조해지는 등의 영향을 받고 있어요.

이처럼 지구 온난화의 영향은 1차, 2차, 3차 등 많은 문제점들을 파생시켜 지구의 기후 시스템에 연달아 영향을 미친다고 할 수 있어요.

## 오스트레일리아는 비상, 산호를 지켜라!

남태평양을 여행하다 보면, 아름다운 산호섬을 많이 만나게 됩니다. 산호하면 우윳빛 산호만을 생각하지요? 하지만 산호는 그 생김이 다양한 만큼 색깔 또한 다양하고 아름다워요. 여기서 또 퀴즈! 산호는 식물일까요? 동물일까요?

＿ 동물이에요.

역시 한국 학생들은 똑똑하군요. 따뜻하고 수심이 얕은 바닷속에는 산호가 존재할 가능성이 커요. 전 세계적으로 600여 종이 있는데 한국에는 약 130여 종이 살고 있는 것으로 알

려져 있어요. 그런데 이런 아름다운 산호가 지구 온난화 때문에 그 아름다운 빛깔을 잃어버리고 있다고 해요.

세계적인 환경 문제를 연구하는 단체인 월드워치연구소는 〈지구 환경 보고서 2001〉에서 지구 온도의 상승으로 물 부족, 식량 생산의 감소, 말라리아 같은 치명적인 질병의 확산과 더불어 지구 생태 시스템의 현주소를 보여 주듯 세계 산호초 군락의 27%가 이미 상실됐다고 보고했어요.

이러한 산호초의 위험이 실제로 벌어지고 있는 곳이 있어요. 다름 아닌 세계 문화 유산으로 지정된 오스트레일리아의 로드하우 섬의 산호초 군락이에요. 로드하우 섬을 모니터링해 온 과학자 해리슨(Peter Harrison)은 해수 온도가 2℃ 상승함에 따라 산호초가 색깔을 잃어 가고 있다고 보고했어요. 산호초가 표백되어 백색으로 변하는 백화 현상이 심해진다는 이야기예요.

그런데 산호초의 파괴는 희귀 어류에게 집을 제공하는 말미잘 등 다른 바다 생물에게도 영향을 미칠 수 있어 매우 위험한 일이에요. 색이 화려하고 이국적인 산호초는 단순한 돌덩어리가 아니라 해양 먹이 사슬의 기초를 형성하는 생명체라는 것을 과학자들은 강조해요. 즉, 산호초가 죽으면 암석 구조가 부식되어 어류에게 필수적인 산란지와 서식지가 사

라질 수 있어요.

　바다에 사는 물고기 중에서 절반에 가까운 물고기가 산호초 주변에 집을 지어요. 그래서 산호초가 부식해서 없어지면 흔한 소비종인 도미와 그루퍼도 멸종할 수 있어요. 굴과 조개 같은 수산물도 영향을 받을 수 있고요. 지구 온난화의 영향은 끝이 없는 것 같아요.

　산호초 군락의 감소는 이미 여러 해안에서 이루어지고 있어요. 미국 국립해양대기청에 따르면 현재 19%가 멸종했으며 향후 20년 내에 추가로 15%가 사라질 전망이라고 해요.

　세계 해양 종의 개체 수를 조사해 온 카펜터(Kent Carpenter) 교수는 현재의 추세라면 100년 내에 모든 산호초가 멸종할 수 있다고 경고했어요.

　아름다운 산호가 없는 바다라니, 바닷속 풍경이 삭막해지겠지요? 산호초의 멸종의 원인은 지구 온난화, 오염, 해변의 무분별한 개발 때문이라고 수많은 연구에서 보고하고 있어요. 특히 과학자들은 이산화탄소의 배출을 줄여 해수 온도의 상승을 막아야 한다고 주장하고 있어요.

　이처럼 지구 온난화는 우리에게 볼거리, 먹을거리 등 모두 사라지게 하고 있어요.

　이번 수업 시간에는 세계 각지에서 지구 온난화의 증거를

찾아보았어요. 다음 시간에는 지구 온난화를 막기 위해 국제
적으로 어떤 노력을 하고 있는지 알아보겠습니다.

지구가 따뜻해졌다고 하는데, 사실 저는 잘 모르겠어요. 정말 따뜻해진 건가요?
네, 물론 지구의 전체 온도 변화를 정확하게 측정하기는 어렵지만 100년 동안 지구의 평균 온도는 0.5℃ 정도 올랐어요.

에이~, 겨우 0.5℃요?
이 온도 변화는 지구 전체 평균 온도 변화라서 지구 곳곳의 온도 변화는 더 크거나 더 작을 수 있어요. 이러한 온도 상승은 지구의 기후 시스템을 바꿔 놓을 수 있어서 매우 불안한 요소이지요.
지구의 평균 온도가 0.5℃ 상승

지구 곳곳에서 이런 지구 온난화의 증거를 찾아볼 수 있어요. 킬리만자로 산의 만년설이 녹고 있는 것이 대표적인 증거이지요.
앗, 만년눈이 녹고 있어!

다른 증거도 있나요?
그럼요. 북극의 빙하는 매년 평균적으로 제주도의 2.5배 정도 크기만큼 녹고 있다고 해요.
흑흑. 우리가 날 곳이 점점 줄어들고 있어요.

그래서 해수면이 높아지는 건가요?
북극의 빙하는 물에 떠 있기 때문에 그렇지 않지만 남극은 빙하가 대륙 위에 있어서 남극의 빙하가 녹으면 해수면이 높아질 위험이 있어요.
지난 100년간 해수면 상승
cm

그리고 오스트레일리아 로드하우 섬의 산호초 군락에선 해수 온도가 상승함에 따라 산호초가 색깔을 잃어 가고 파괴되고 있어 주변 생태계에까지 영향을 미칠 수 있어요.
바닷속 풍경이 삭막해지겠네요.
산호초가 모두 하얀색이 돼 버렸어.

**6**

# 지구 온난화를 막기 위한 국제적인 노력

지구 온난화를 막기 위해 여러 나라가 협력하고 있어요.
어떻게 협력하고 있는지 알아볼까요?

# 6

여섯 번째 수업

## 지구 온난화를 막기
## 위한 국제적인 노력

우리가 먹어야 할 물과 살아가야 할 터전까지 빼앗고 있는 지구 온난화를 어떻게 막을 수 있을까요? 지구 온난화를 막기 위해 전 세계적으로 어떤 노력을 하고 있는지 알아봅시다.

## 지구 운명의 숫자 350

'350' 이라는 숫자는 어떤 의미를 가지기에, 지구의 운명 이 달려 있을까요? 2009년 12월 13일 오후 3시 50분 세계 전

지역에서는 350회의 교회 종소리가 울려 퍼졌어요. 왜 350회를 울렸을까요?

'350'은 이산화탄소의 농도를 의미해요. 바로 지구에 기후 재앙을 일으키지 않게 할 공기 중 이산화탄소 농도의 한계치를 나타내는 숫자입니다. 지구 온난화의 주범으로 일컬어지는 이산화탄소는 인위적인 온실 효과에 대한 기여도가 약 50%에 달하는 온실가스이지요.

문명이 발달하면서 사람들은 이산화탄소의 순환에 인위적으로 개입하기 시작했어요. 자연적으로 조절되고 유지되어 온 이산화탄소의 순환이 깨진 것이지요.

사람들은 각종 에너지를 얻으려고 화석 연료를 소비하고, 늘어나는 인구의 식량과 주거를 마련하기 위해 삼림을 훼손했어요. 목재를 얻기 위해 그리고 농경지와 목축지를 늘리기 위해 매년 약 20억m²에 달하는 삼림을 사라지게 했지요. 사람들에 의해 이루어지는 산업과 농업 활동으로 대기 중에 방출되는 이산화탄소는 무려 1년에 70억t에 이르게 되었어요. 이 중에서 절반이 해양, 식물, 토양에 의해 흡수되고 나머지 반은 대기 중에 그대로 축적된다고 하니, 지구 온난화가 심화되지 않을 수 없겠지요?

이렇게 지구 온난화에 막대한 기여를 하고 있는 이산화탄

소의 농도 350ppm(ppm은 100만분의 1을 나타내는 단위)에서 '350'이 갖는 의미는 매우 중요해요. 2009년 덴마크 코펜하겐에서 100여 개 국가의 기후 협상 대표들이 모여 세계의 기후에 대해 회의를 했어요. 이 회의장 밖에서는 티셔츠와 깃발에 '350'이라는 숫자를 새긴 시위대들이 몰려들어 세상 사람들에게 지구 온난화의 심각성을 알리려고 했지요.

사실 세계는 이미 수십 년 전부터 '350' 이상의 수치 속에서 살고 있었어요. 지구의 이산화탄소 농도가 마지막으로 350ppm이었던 적은 1989년이었어요. 현재는 390이 넘는다

고 해요.

이산화탄소 농도 수치를 다시 350으로 내리려면 200~300년이 걸릴 것으로 과학자들은 추정하고 있어요. 이 말은 불가능하다는 이야기지요. 가장 좋은 방법은 현재 상태를 유지하면서 지속적으로 이산화탄소의 농도를 줄이려고 노력하는 거예요.

한번 뿜어져 나온 이산화탄소는 공기 중에 100년 동안이나 잔류한다고 하니, 최소한 100년 이상은 현재 상태가 유지되는 것이지요. 이것을 감안한 미국과 EU(유럽연합)를 포함한 선진국들은 이산화탄소 배출 감축량을 앞으로 수십 년간 350에서 450으로 상향 조정했어요. 그러나 미국의 자코비(Henry Jacobi)라는 경제학자는 불가능한 목표치라고 말했어요.

경제가 발전하고 인구가 증가하면서 이산화탄소 배출량은
증가할 수밖에 없기 때문이지요.

이렇게 많은 나라에서 지구 온난화에 대해 고민을 하고 있
어요. 혼자가 아닌 국제적인 노력을 함께하고 있기도 하지
요. 지구 온난화를 위해 여러 나라가 힘을 모아 노력하고 있
는 예를 찾아볼까요?

지구 온난화를 위한 국제적인 협력을 이야기할 때 제일 먼
저 나오는 것이 바로 교토 의정서(Kyoto protocol)예요.

## 교토 의정서

기후 변화에 대한 국제적인 협력을 이야기할 때는 유엔이
이끌고 있는 UNFCCC를 이야기하지 않을 수 없어요.
UNFCCC는 온실가스에 의해 벌어지는 지구 온난화를 막기
위한 국제 협약이에요. 이 기후 변화 협약은 1992년 6월 브
라질의 리우데자네이루에서 체결되었는데, 이산화탄소를 비
롯한 각종 온실가스의 방출을 제한하고 지구 온난화를 막는
데 주요 목적을 둔 협약이에요. 본 협약 자체는 각국의 온실
가스 배출에 대한 어떤 제약을 가하거나 강제성을 띠고 있지

않아 법적 구속력은 없지만 시행령에 해당하는 의정서를 통해 의무적인 배출량 제한을 규정하고 있어요. 이산화탄소의 의무적인 배출량에 대한 주요 내용을 정의한 것이 바로 교토 의정서이지요.

즉 교토 의정서는 UNFCCC에 따른 온실가스 감축 목표에 관한 의정서를 말해요. 지구 온난화 규제 및 방지에 관한 국제 협약인 UNFCCC의 구체적 이행 방안으로, 선진국의 온실가스 감축 목표치를 규정한 거예요. 1997년 12월 일본 교토에서 개최된 UNFCCC 제3차 당사국 총회에서 채택한 의정서를 말하는 것이지요.

이 의정서에는 각 나라의 온실가스 감축 목표와 감축 일정 등에 대한 내용들이 포함되어 있어요. 의정서는 2005년 2월 16일 공식 발효되었답니다. 의정서의 의무 이행 대상국은 오스트레일리아, 캐나다, 미국, 일본, EU 회원국 등 총 38개국이며 각국은 2008~2012년 사이에 온실가스 총 배출량을 1990년 수준보다 평균 5.2% 감축해야 해요. 한국도 선진국과 같이 2008년부터 자발적인 의무 부담을 요구받았어요.

2002년 IEA(국제에너지기구)의 통계 자료에 의하면, 한국은 연간 6억 6,350만t(2009년 기준)의 이산화탄소를 배출하는 세계 7위의 이산화탄소 배출 국가라고 해요. 이 양은 세계 전

체 배출량의 1.8%를 차지하는 양이라고 하는군요. 더군다나
1990년 이후 배출량 증가 정도가 85.4%로 나타나 세계 최고
의 증가세를 기록했어요.

그런데 미국은 전 세계 이산화탄소 배출량의 28%나 차지
하면서도 자국의 산업 보호를 위해 2001년 3월 탈퇴했어요.
지구 온난화를 위해서 세계 여러 나라가 힘을 모아야 할 때에
자국의 이익을 위해 탈퇴를 했다니, 이해가 되지 않는 부분
이에요.

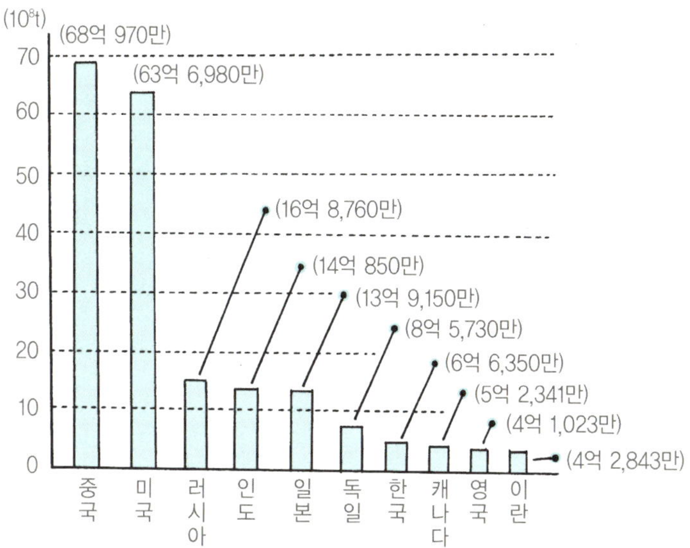




2009년 국가별 이산화탄소 배출량

## IPCC 종합 보고서, 기후 변화 2007

"지구 온난화는 우리 시대의 가장 심각한 도전입니다" 반기문 유엔 사무총장의 말입니다. 유엔은 지구 온난화와 같은 지구의 기후 변화에 대해 논의하기 위해 IPCC를 운영하고 있어요.

이 위원회는 2007년에 6년간의 지구 온난화 연구에 대한 종합 보고서를 발표했어요. 이 보고서는 금세기 최대 이슈인 기후 변화의 실상에 관한 과학적 지식을 집대성한 것이라고 평가받고 있지요.

이 보고서의 주요 핵심 내용은 "지구 온난화는 명백하다" 와 "인간이 초래한 지구 온난화는 돌이킬 수 없는 영향을 미칠 수 있다"였어요. 23쪽 분량의 보고서는 현재 벌어지고 있는 지구 온난화가 환경과 인류를 위협한다고 경고했어요.

물론 이 보고서는 국제적인 협력을 요구하는 내용을 담고 있어요. 특히 이번 보고서 발표와 관련하여 반기문 유엔 사무총장은 교토 의정서의 정신을 저버리고 탈퇴한 미국과 이산화탄소 배출 1위 국가인 중국에 보다 책임 있는 대처를 촉구했어요.

지구 온난화는 명백하다.

- 주요 온실가스인 이산화탄소 배출량은 65만 년 만에 최고치를 기록함.

- 2100년 지표면 평균 온도는 1980~1999년에 비해 1.1~6.4℃ 상승할 가능성이 있음.

- 1900년 이후 지구의 평균 온도는 0.8℃, 해수면의 높이는 10~20cm가 상승함.

- 해수면 금세기 말 최소 18cm 상승할 것으로 예상됨.

인간이 초래한 지구 온난화는 돌이킬 수 없는 영향을 미칠 수 있다.

- 평균 온도가 1980~1999년에 비해 1.5~2.5℃ 상승하면 20~30%의 동식물 종이 멸종할 것임.

- 바다의 산성화가 산호초 등 해양 생태계에 심각한 영향을 미칠 것임.

- 아프리카에서는 2020년 7,500만~2억 5,000만 명이 물 부족, 농작물 생산량이 절반으로 감소, 2080년까지 사막이 5~8% 증가함.

> •아시아는 해수면 증가로 해안가 삼각주들이 범람 위기
> 에 놓일 것임.
> •유럽은 산악 빙하가 줄어 광범위한 생물 종 손실이 우
> 려됨.

지금까지 우리가 너무 무거운 이야기만 한 것 같네요. 물론 지구 온난화라는 것이 그렇게 가볍게 다뤄지는 문제는 아니지만요. 더군다나 국제적인 협력에 관련된 이야기를 했으니 더욱 그렇게 느껴졌을 거예요.

여러분도 지구 온난화 방지를 위해서 열심히 노력해야겠다는 생각이 들지요? 그럼 이제부터는 지구 온난화를 위해서

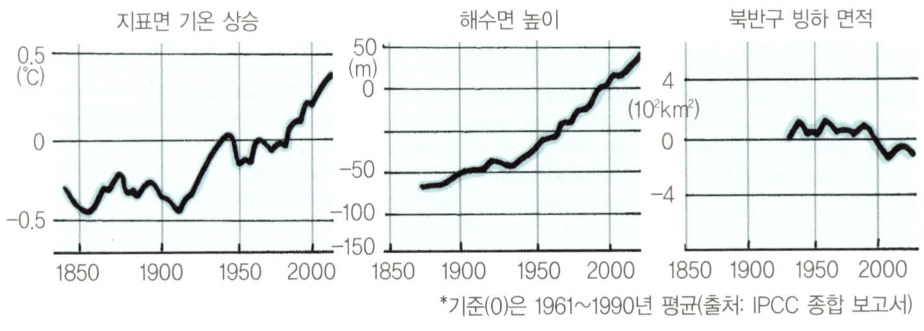


지표면 기온 상승에 따른 해수면과 북반구 빙하 증감 추이

한국 정부 차원에서 어떤 노력을 하고 있는지 알아볼까요?

## 지구 온난화 방지를 위한 한국의 노력

한국도 2010년 10월 제32차 IPCC 총회에 맞춰 한국판 IPCC 보고서를 발표했어요. 본격적으로 세계 기후 변화에 관심을 갖고 지구 온난화 방지를 위해서 함께 노력하겠다는 의지를 표명했다는 의미도 되겠지요.

한국판 IPCC 보고서는 〈한반도 기후 변화 보고서〉예요. 여기에는 그동안 한반도를 대상으로 발표된 기후 변화 관련 국내외 연구 논문을 분석·평가한 자료들이 들어 있어요. 보고서 내용은 기후 변화 감시·예측과 기후 변화 영향·적응의 2개 분야로 구성되어 있어요.

보고서를 집약해 보면 한국도 지구 온난화에 의해서 기온이 상승하고, 집중 호우나 태풍이 증가하고, 전염병이 증가하는 등의 많은 피해가 예상된다는 것을 알 수 있어요.

재미있는 내용도 있어요. 2100년이 되면 귤을 재배하는 곳이 지금보다 훨씬 늘어난다고 해요. 물론 지구 온난화에 의해서 한국의 기후가 아열대 기후로 바뀌어 일어나는 일이지

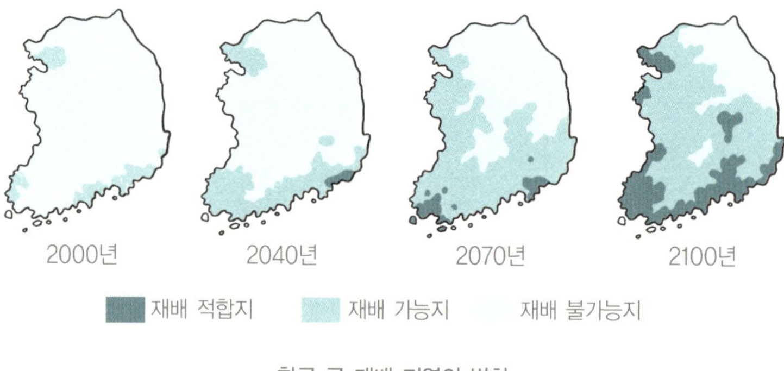


한국 귤 재배 지역의 변화

만요. 이처럼 보고서의 내용만 봐도 지구 온난화에 대한 대책을 하루빨리 세워서 실천해야겠다는 생각이 들지요?


## 탄소 다이어트 2030!


한국은 2009년 코펜하겐 기후변화총회에서 개발도상국으로서 온실가스 최대 감축치인 BAU 대비 30%를 자발적으로 제시하여 전 세계의 관심을 받았어요. 자국의 이익보다는 지구의 환경을 먼저 생각한 대의라는 점에서 정말 대단한 결정이지요?

이러한 국제적인 관심은 한국 국민의 자부심으로 이어져 온실가스 감축에 대해 전 국민적 관심을 가져야 할 것 같아요. 온실가스 감축은 국가가 나서서 노력한다고 성공할 수 있는 것은 아니에요. 바로 국민 한 사람 한 사람이 동참해야 하지요.

온실가스 감축은 국민들의 '나부터(Me First)' 실천함으로써 가능한 것이지요. 그래서 한국 정부는 기후 변화에 대한 국민들의 관심을 효과적인 실천으로 이어질 수 있게 하기 위해 여러 정책을 개발하고 있어요. 그중 하나가 환경부가 제안하는 탄소 다이어트 2030 정책이에요.

이 정책은 2020년까지 온실가스 배출 전망치 30% 감축을 제시한 것이지요. 2030은 2020년의 20과 30% 감축의 30을

합쳐서 만든 숫자예요. 이 목표는 현실적으로 그리 쉬운 일이 아니에요. 한국의 온실가스 총 배출량은 2006년도 기준 600백만t으로 1990년 배출량인 297백만t 대비 101%가 증가했어요. 같은 기간 온실가스 배출량 증가율은 전 세계 2위, OECD 국가 중 1위로 세계적으로 높은 수준이지요.

그럼에도 한국은 현재 해외 에너지 의존도가 97%가 넘고, 산업 구조가 에너지 소비가 많은 제조업 중심인데다 환경과 관련된 기술이나 산업 수준 역시 아직은 부족하다고 할 수 있어요. 이런 점은 한국이 빨리 개선하고 보강해야 할 부분이지요. 여러분도 많은 관심을 가져야겠지요?

한국 정부는 국내의 온실가스 배출량 중 가정, 교통 등 비산업 분야의 비중이 전체의 43%를 차지하고 있는 점을 감안하여 녹색 생활 실천을 통해 2020년까지 2005년 대비 약 10%의 온실가스를 감축한다는 방안을 계획하고 있어요. 비산업 분야는 산업 분야에 비해 감축 비용이 낮고 그 효과가 즉각적이라는 면에서 국민의 참여와 실천이 무엇보다 중요해요. 한국 정부에서 시행하고 있는 '탄소 다이어트 2030' 운동에 대해 알아보고 오늘 수업은 여기서 마치기로 해요.

- 온실가스 줄이기를 실천하는 범국민운동인 '그린 스타트' 구축
- 대규모 공동 주택 단지의 소등 행사
- 쿨맵시·온맵시 캠페인
- 녹색 여행 만들기 캠페인
- 녹색은 생활이다 2009 한마음 대회 개최
- 사무실, 학교, 가정 등 10대 부문별 80개 녹색 생활 실천 사항이 적힌 '녹색 생활의 지혜' 보급
- 초등학교 및 중등학교 보조 교재 개발
- 탄소 포인트 제도 실시
- 지자체 녹색 구매 조례 제정
- 그린스토어 인증 제도 도입
- '친환경 상품 구매 촉진에 관한 법률'을 '녹색 제품 구매 촉진에 관한 법률'로 개정
- 하이브리드, 천연가스 자동차 등 그린카 보급
- 자동차 공회전 제한 장치 부착 확대
- 친환경 운전 10계명 제정
- 저탄소 녹색 성장 기본법 제정

선생님, 지구 온난화와 350이란 숫자가 무슨 관계가 있나요?
350은 이산화탄소 농도를 나타내는 것으로 중요한 의미를 담고 있어요.
350
350
350
350
350

정확히 말해 350ppm으로, 기후 재앙이 일어나지 않을 공기 중 이산화탄소 농도의 한계치를 나타내요. 사람들이 1년 동안 만드는 이산화탄소의 양이 70억t에 이른다고 하니 그 심각성을 알리려고 한 거예요.
70억t
이산화탄소

전 세계적으로 지구 온난화를 걱정하고 있군요.
그래요. 그럼 지금부터 지구 온난화를 막기 위해 국제적으로 어떤 노력을 기울이는지 알아볼까요?
힘내~ 지구야!
그래, 힘내!



UNFCCC라는 지구 온난화를 줄이기 위한 국제 협약이 1992년 체결되었는데 이 협약 자체엔 법적 구속력은 없었어요. 하지만 시행령에 해당하는 의정서를 통해 이산화탄소 배출량 제한을 규정했지요.
UN

그것이 바로 교토 의정서예요. 이 의정서에는 한국을 포함한 각 회원국의 온실가스 감축 목표와 감축 일정 등의 내용이 포함되어 있어요.
그럼 한국에서는 이런 내용을 지키기 위해 정부 차원의 노력을 하고 있겠네요.
이산화탄소는 그만!
교토 의정서

그럼요. 온실가스 감축은 국민 모두가 동참해야 하기 때문에 한국 정부는 '탄소 다이어트 2030' 같이 국민들의 자발적인 실천을 위한 정책을 개발하고 있어요.
저도 온실가스 감축을 위해 노력하겠어요.
방귀 참는 중

# 이산화탄소 배출량 줄이기

지구 온난화의 주범인 이산화탄소를 줄여야 한대요.
한국도 줄여야 한다니, 우리가 먼저 실천해야겠지요?

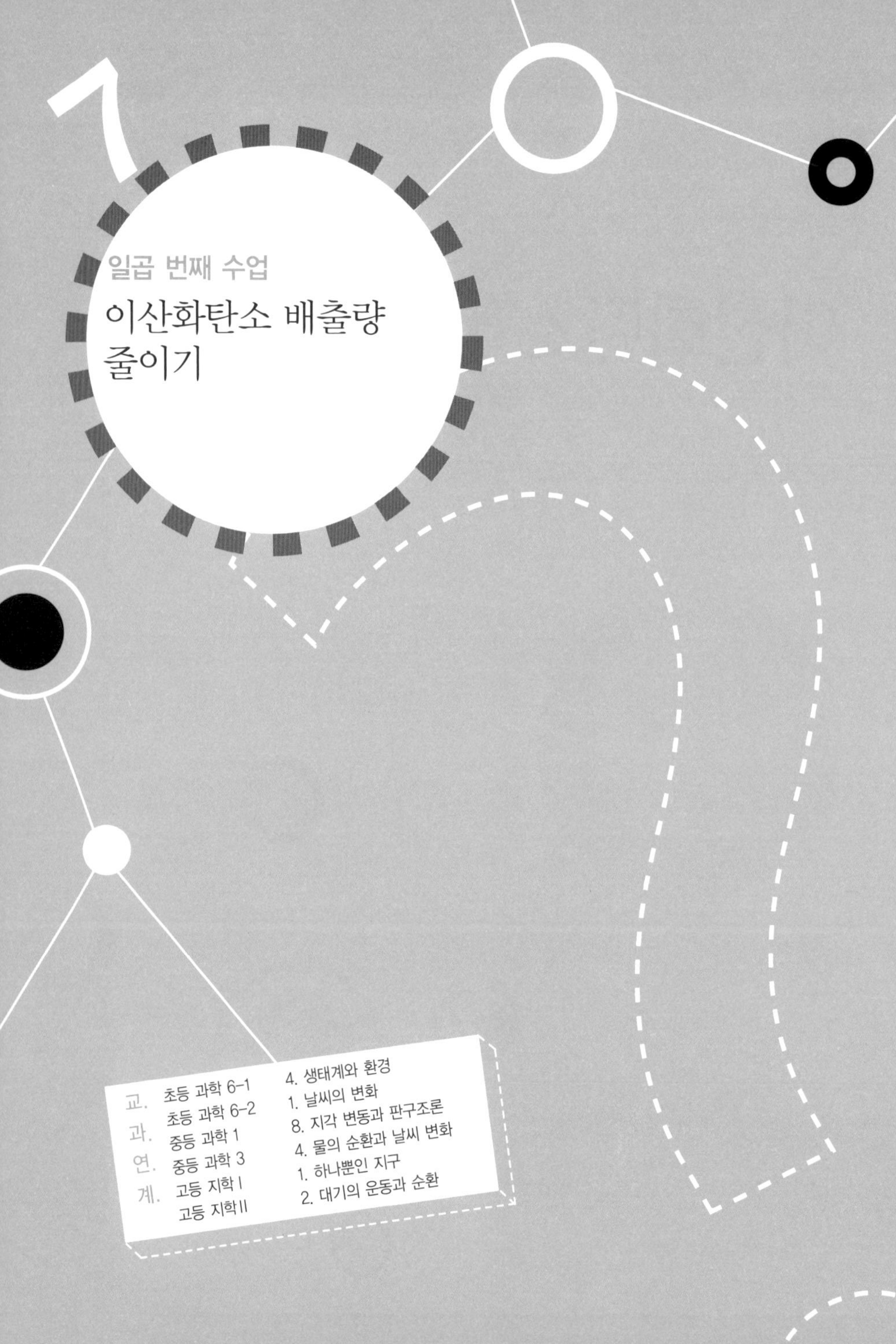



# 이산화탄소 배출량 줄이기

지구 온난화의 주범인 이산화탄소는 어떻게 줄일 수 있을까요? 오늘은 이산화탄소를 줄이는 구체적인 방법과 실천에 대해서 알아봅시다.

## 탄소 배출권

탄소 배출권(CER:Certified Emission Reduction, 인증감축량 또는 공인인증감축량)이라는 말이 있어요. 탄소 가스를 배

출할 수 있는 권리를 말하는 거예요. 교토 의정서에 따르면 1990년 배출량 기준으로 2008년에서 2012년까지 이산화탄소 배출량을 평균 5% 수준으로 줄여야 하는데, 이를 실패한 나라의 기업에서는 이산화탄소 배출량에 여유가 있거나 숲을 조성한 사업체로부터 탄소 배출권을 사야 하지요. 이와 관련해 프랑스와 벨기에의 생수 제조 공장에서는 매년 11만 5천t의 탄소를 배출하는데, 이에 상응하는 나무를 심어 탄소 배출권을 확보하겠다는 내용을 발표했어요.

탄소 배출권은 CDM 사업(Clean Development Mechanism사업, 온실가스 감축 의무가 있는 선진국이 개발도상국에서 온실가스 감축 사업을 수행하고 그 감축분에 해당하는 배출권을

자국의 실적으로 인정받거나, 개발도상국이 독자적으로 달성한 감축 실적을 감축 의무가 있는 선진국에게 판매할 수 있도록 허용된 제도)을 통해서 온실가스 방출량을 줄인 것을 유엔의 담당 기구에서 확인해 주는 것을 말해요.

한국도 2013년이 되면 탄소 배출권을 의무적으로 소유해야 합니다. 탄소 배출권 관련 전문가들은 현재는 사람들이 탄소 배출권의 중요성에 대해 인식하지 못하고 있지만 머지않아 탄소 신용카드, 탄소 ATM 같은 것들을 사용하게 될 거라고 이야기하고 있어요. 탄소 배출권을 지녀야 하는 것이 누구나 지켜야 하는 의무가 될 것이라는 이야기입니다.

따라서 미래를 대비한다면 우리도 이제 탄소 배출권에 관심을 가지고 심도 깊은 논의와 함께 투자를 위한 준비를 해야 합니다.

탄소 배출권은 배출권 거래제에 의해서 시장에서 거래가 될 수 있지요. 2009년 탄소 배출권 가격은 1t당 2만 원 정도였어요. 그러나 IEA(미국 에너지정보청)는 2009년에 보고한 세계 에너지 전망 보고서에서 탄소 배출권의 적정 가격에 대해 지금의 최소 2배 이상으로 올려야 한다고 강조했어요. 선진국의 경우 탄소 배출권 가격을 2020년까지 50달러(한화 약 6만 원), 2030년까지 110달러(한화 약 13만 2천 원) 수준에 이

르게 하고, 개발도상국은 2020년 30달러(한화 약 3만 6천 원), 2030년 50달러에 이르게 해야 한다고 주장했어요. 또 탄소 배출권 대표 컨설팅 기관인 포인트 카본은 2020년까지 탄소 배출권의 가격이 31유로(한화 4만 7천 원)에 이를 것이라는 분석을 내놓기도 했어요.

다음 그래프에서 볼 수 있듯이 최근 ECX(유럽 기후거래소)에서 거래되는 EUA(탄소 배출권 시장에서 거래되는 가장 대표적인 배출권으로 EU 탄소 시장에서의 할당 배출권을 말함)의 가격은 2010년 7월에 16유로(한화 2만 4천 원)수준이었어요.

그렇다면 우리가 탄소 배출권을 확보할 수 있는 방법에는

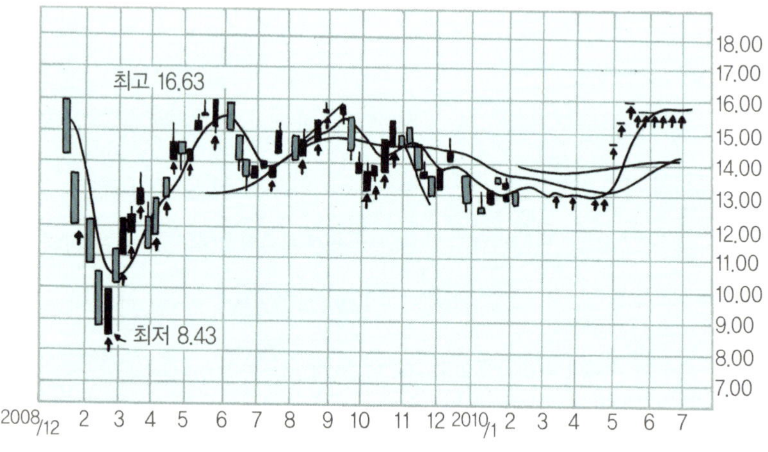



ECX에서 거래되는 EUA 가격 추이

어떤 것이 있을까요? 르콩트(Tristan Lecomte)라는 사람이 그 해답을 주었어요.

페루에서 '나무 심기 프로젝트'를 진행하고 있는 르콩트는 지구의 허파라고 불리는 아마존에 앞으로 5년 내에 4백만 그루의 나무를 심겠다는 계획을 가지고 있어요. 이 정도의 나무는 향후 4년간 230만t의 탄소를 흡수할 수 있는 규모라고 하니, 엄청난 양이지요? 그만큼의 탄소 배출권을 확보하는 것으로 이해하면 될 거예요.

참고로 열대 우림지인 아마존에서는 나무가 1년 만에도 무려 6~12m까지 자란다고 하니 이산화탄소를 어마어마하게 흡수할 수 있지 않을까요? 여러분도 한번 나무를 심어 보세

요. 미래에 부자가 될 수 있어요.

## 지구촌 불 끄기(Earth Hour) 행사

2010년 3월 27일 저녁 8시 30분, 지구는 깜깜한 밤이 되었어요. 무슨 말이냐고요? 바로 2010년에 WWF(세계자연보호기금)에서 주관한 에너지 절약 캠페인인 지구촌 불 끄기(Earth Hour) 행사에 관한 이야기예요.

한국도 이 캠페인에 정부 차원에서 참여했어요. 이 행사는 2007년 호주 시드니에서 지구 온난화에 따른 기후 변화의 심각성을 알리려는 목적에서 시작되었어요. 2010년에는 무려 6천 여 개의 도시, 10억 명이 참가했다고 하니 정말 큰 행사지요? 불 끄는 것과 지구 온난화하고는 어떤 관계가 있을까요?

__ 불 끄는 것은 에너지 절약의 일환이니까, 에너지를 만드는 데 필요한 여러 가지 자원을 덜 쓰는 것이에요.

대답을 참 잘했어요. 그렇지요. 에너지를 절약한다는 것은 여러 가지 자원을 아끼는 셈이지요. 즉, 자원을 절약한다는 것은 그만큼 이산화탄소의 배출을 줄이는 거니까 지구 온난화 방지에 도움이 되지요.

과학자들은 최근 지구 일부분의 암석 침전물이 지하에 이산화탄소를 안전하게 저장하고 있다는 것을 밝혀냈어요. 이에 공학자들은 유해한 공장 굴뚝의 배기가스에서 이산화탄소를 분리하여 지하에 매장하는 작업에 몰두하고 있어요.

그런데 이와 같은 작업을 사람은 이미 하고 있답니다. 정확히 말하면 사람의 피 속에 있는 효소가 하루에 900g의 이산화탄소를 분리하는 작업을 하고 있어요. 그래서 미국 뉴저지 주의 카보자임이라는 회사는 이러한 방식을 그대로 재현하려고 연구하고 있어요.

인간이 호흡할 때 생성된 이산화탄소는 세포에 의해 피 속으로 들어가는데, 탄산무수화효소는 이산화탄소를 중탄산염으로 바꾸어 허파로 쉽게 운반되도록 해요. 반면에 허파에서 탄산무수화효소는 반대의 작용을 해요. 즉, 중탄산염을 이산화탄소로 바꾸어 날숨을 통해 인체 밖으로 배출하는 것이지요. 이와 같은 작용은 여러 종류의 가스가 섞인 혼합 가스에서 이산화탄소만을 걸러 내는 데 중요하게 활용될 수 있어요.

이를 연구하는 카보자임은 현재 합성한 탄산무수화효소를 다공성 마이크로 스케일 튜브 수백만 개로 뒤덮은 시스템의

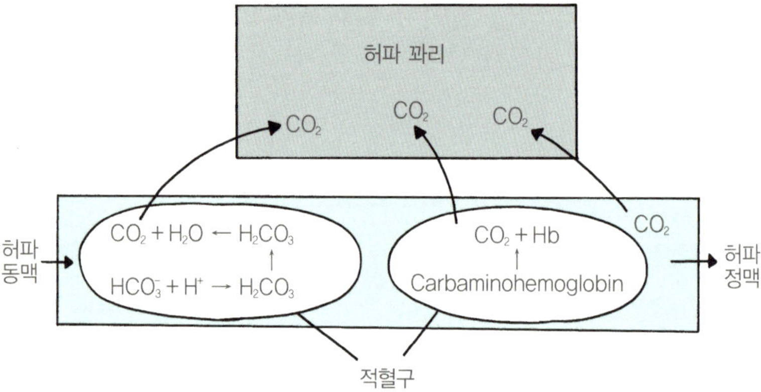


실험을 마무리하는 단계까지 왔다고 해요. 공장 굴뚝에서 나온 배기가스가 이 시스템을 통과하면 탄산무수화효소가 이산화탄소를 끌어들여 중탄산염으로 바꾸는 것이지요. 그리고는 중탄산염을 이산화탄소로 바꾸어 지하로 보내 현무암층에 저장하는 것이지요.

이산화탄소는 현무암층에 저장되기 전에 밀도와 점성이 극히 높아 기체라기보다는 액체에 가까운 특성을 띠는 초임계 상태로 압축이 돼요. 이산화탄소는 이 상태로 수천 년 동안 지하에 갇혀 있게 되는 것이에요. 연구에 의하면 이러한 시스템은 기존의 유독 화학 물질을 이용해 이산화탄소를 채집하던 것에 비해 $\frac{1}{3}$정도 수준의 에너지를 사용한다고 하니, 에너지 절약 측면에서도 좋은 시스템이라고 할 수 있어요.

지구 진화 초기에 원시 대기 속에는 지금보다 훨씬 많은 이산화탄소가 있었어요. 대기 상태가 현재처럼 된 것은 이산화탄소가 탄산염의 형태로 바닷속에 침전됐기 때문이라고 지질학자들은 주장해요.

바닷물에 녹은 이산화탄소 분자 2개가 칼슘 이온과 결합하면 석회암이 돼요. 이 과정을 화학적 풍화 작용이라고 하지요. 이러한 풍화 작용을 통해 대기 중의 이산화탄소를 효과적으로 흡수할 수 있어요. 또한 바닷속 풍화 작용은 이산화탄소를 직접 바다에 주입하는 방법에 비해 산도(pH) 변화가 적기 때문에 생물학적으로 해가 적어요. 그리고 이산화탄소가 칼슘 이온과 결합해서 만들어진 석회암은 바다의 산도를 조절하는 역할까지 해서 바다가 산성이 되는 것을 방지할 수 있어요.

$$CaCO_3 + H_2O + CO_2 \rightarrow Ca(HCO_3)_2$$

바닷속에서와 같이 땅에서도 암석의 화학적 풍화 작용이 일어나 공기 중의 이산화탄소를 흡수할 수 있어요. 하늘에서

내리는 빗속에는 공기 중의 이산화탄소가 녹아 있어요. 이 빗방울이 암석 위에 떨어지면 중탄산 이온($HCO_3^-$)을 만들게 되지요. 이 중탄산 이온은 바다로 흘러가 칼슘 이온과 반응해 석회암을 만들어요. 하지만 이런 과정이 일어나는 데는 수천 년의 시간이 걸려요.

이 외에도 모든 규산염과 탄산염은 이산화탄소와 일대일로 반응해요. 하지만 규산염과 탄산염은 이산화탄소 분자의 무게보다 2배 이상 무겁기 때문에 이산화탄소 1t을 없애기 위해서는 이런 광물이 2t이 필요하답니다. 즉, 인위적으로 이런 일을 하는 것은 매우 소모적이라는 거예요. 지구 온난화 방지를 위해 보다 쉽고 획기적인 방법은 없을까요?

## 지붕을 하얗게 칠하면 이산화탄소를 줄일 수 있다

여러분을 위해 내가 깜짝 선물을 준비했어요. 미국의 저명한 물리학자, 스티븐 추(Steven Chu, 1948~) 박사님을 모셔 왔습니다. 모두 환영의 박수를 쳐 주세요. 추 박사님, 안녕하세요?

＿ 네, 여러분을 만나서 반가워요.

추 박사님, 우리는 지금 지구 온난화에 대한 이야기를 하고 있었어요.

__ 지구 온난화라, 마침 좋은 생각이 났는데, 들어 볼래요?

좋은 생각이라고요? 혹시 지구 온난화를 방지할 수 있는 좋은 방법이 있다는 말씀이신가요?

__ 네, 유럽에 가면 하얀 지붕의 집들을 쉽게 구경할 수 있어요. 그런데 지붕을 하얗게 칠하면 지구 온난화를 방지할 수 있답니다. 어떻게 그럴 수 있을까요? 자, 잘 들어 보세요.

지붕과 포장된 도로를 흰색 또는 밝은색으로 칠하면 태양 빛을 반사시켜 지구 온난화를 획기적으로 줄일 수 있어요. 아마 이런 작업이 완수되면 전 세계의 모든 자동차들이 11년 동안 운행하지 않는 것과 같은 정도의 탄소 배출을 줄이는 효과를 낼 수 있을 거예요. 지붕을 하얗게 칠하는 것은 각 건물 내부의 시원한 상태를 유지하는 것뿐만 아니라, 지구 전체의 반사력을 강화시켜 지구 온난화를 상쇄하는 효과를 발휘할 거예요.

만약 건물이 냉방되어 있다면 열 반사로 인해 건물 내부가 좀 더 시원한 상태로 유지될 것이고, 이로 인해 10~15% 정도의 전력도 아낄 수 있지요. 이것은 지구 전체의 태양광 반사율을 높여 온실 효과를 줄이는 역할을 할 수 있어요.

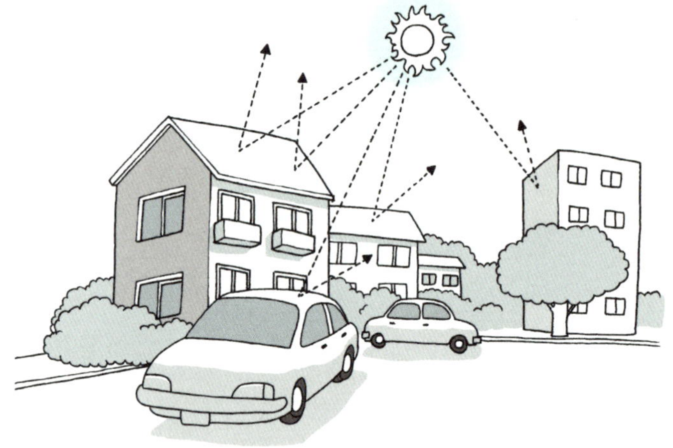

또 자동차를 밝은 색깔로 도색한다면 여름에 차량 내부 냉방 에너지를 줄일 수 있고, 냉방 효율성과 함께 전체 에너지의 사용을 감소시킬 수 있어요. 내 동료 과학자들은 이런 일들을 온대 지방과 열대 지방에서 실시한다면 총 440억t의 이산화탄소를 줄이는 효과를 거둘 수 있다고 말해요. 물론 나의 의견은 현재 미국 정부의 에너지 감소 대책을 위해 제출된 상태예요.

추 박사님, 정말 대단하세요. 발상의 전환이라고 할까요? 기발한 아이디어로 손실되는 에너지를 감소시키고 또 지구 온난화 방지를 위해 이산화탄소를 줄일 수 있다니, 정말 훌륭하십니다. 만나서 정말 반가웠어요. 앞으로도 지구 온난화 방지를 위해 많은 연구 부탁드릴게요.

어때요, 여러분? 정말 대단하지요? 어려운 연구를 하는 것도 좋지만 간단한 발상의 전환을 통해 지구 온난화 방지를 위한 아이디어를 제안하는 것 또한 정말 매력적이지 않나요?


## 해저에 이산화탄소 묻기


추 박사님의 고향인 영국에서는 지구 온난화에 대해 관심이 많아요. 정말 현실적이면서 발전적인 모습인 것 같아요. 한국도 본받아야겠지요?

영국에서는 발전소에서 발생한 이산화탄소를 대기가 아닌 바다로 보낸다는 계획을 가지고 있어요. 다소 엉뚱한 생각일 수 있지만, 영국의 대표적인 전력 회사인 내셔널 그리드에서 제안한 내용이니 실현 불가능한 이야기는 아닌 것 같아요.

내셔널 그리드는 요크셔 지방에 위치한 발전소에서 나오는 이산화탄소를 북해로 보내 해저에 저장하는 시스템을 개발 중이라고 해요. 대규모 화력 발전소 5개가 위치한 요크셔 지방에서 나오는 이산화탄소의 양은 한 해에만 무려 6,000만t으로, 유럽에서 이산화탄소 방출량이 가장 많은 곳이지요.

이 양은 한국이 1년에 배출하는 이산화탄소 양의 $\frac{1}{11}$이나 되는 엄청난 양이에요.

그러나 이 프로젝트에서 제시한 방법은 매우 간단해요. 방금 이야기한 대로 발전소에서 발생한 이산화탄소를 압축시켜 험버강 유역의 폐가스전으로 보낸 후 펌프를 사용해 이산

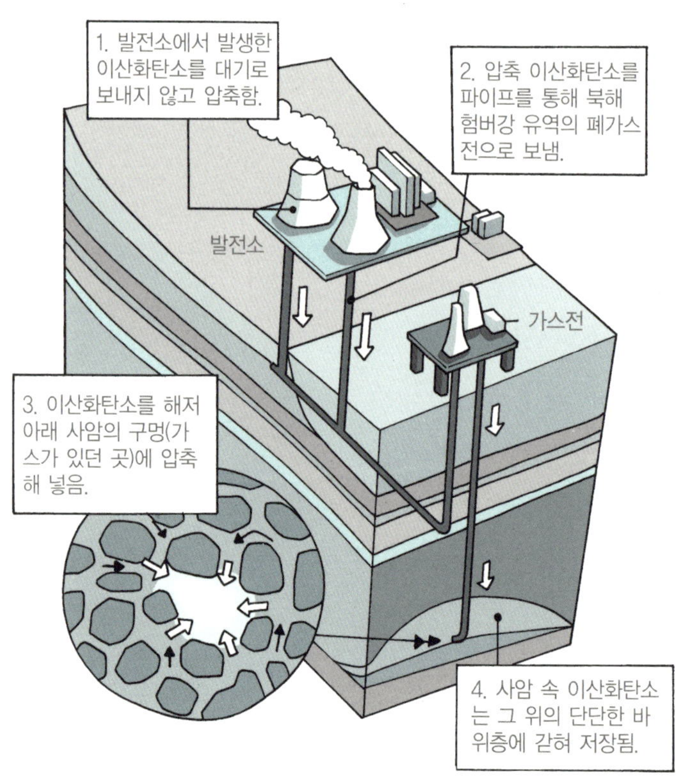

화탄소를 해저 아래 모래가 굳어서 된 사암의 구멍으로 압축해 넣으면 된다는 거예요. 이럴 경우 사암 속 이산화탄소는 그 위의 단단한 바위층에 갇혀 저장된다고 해요.

내셔널 그리드는 이산화탄소가 메테인과 달리 압축시키면 아주 빨리 고형화되는 성질을 가진다고 주장하고 있어요. 하지만 상업화되기 위해서는 좀 더 많은 연구가 뒷받침되어야 한다고 하니, 조금 아쉽네요. 내셔널 그리드는 이 프로젝트에 2012년까지 약 4조 원을 투자하고 앞으로도 지속적으로 투자를 한다고 하니, 성공을 기대해 봐도 될 것 같아요.

## 이산화탄소를 흡수하는 에어캡쳐

에어캡쳐(air capture)는 공기 중에서 이산화탄소만을 흡수하는 장치예요. 이 장치는 다른 탄소 포집 및 저장 기술과는 달라요. 본래 탄소를 포집하여 저장하는 방법은 석탄 화력 발전소에서 발생하는 이산화탄소를 포집한 뒤, 지하에 영구 보존하는 방법을 사용해요. 그런데 에어캡쳐는 어디에 있든지, 공기 중에 존재하는 이산화탄소를 포집할 수 있어요. 따라서 에어캡쳐는 자동차나 비행기 같은 운송 수단의 이산

화탄소를 흡수할 수 있는 유일한 방법으로 손꼽히고 있지요.

대형 구조물을 설치하여 대기 중의 이산화탄소 양을 저감하는 에어캡쳐 기술이 미국의 컬럼비아 대학에서 연구가 진행 중이며 캐나다, 스위스 등에서도 이러한 기술을 개발하고 있어요.

그러나 에어캡쳐의 원리를 보면 농도가 0.4%에 불과한 이산화탄소를 대기 중에서 바로 흡수하기란 쉽지 않다는 것을 알 수 있어요. 특히 대기 중에 분포한 이산화탄소의 농도가 낮아 더더욱 어렵다고 해요. 하루빨리 좋은 방법이 개발되면 좋겠어요.

## 바닷물 뒤집기

〈가이아 가설〉로 유명한 영국의 과학자 러브록(James Lovelock, 1919~)은 물리적 방법으로 심층수를 표면으로 끌어올리자고 제안했어요. 영양분이 풍부한 심층수를 표면층으로 끌어올리면 표면에 서식하는 녹조류에 영양을 공급해 광합성을 촉진하고 이산화탄소를 흡수한다는 계산이지요.

또 미국의 민간 기업인 앳모션은 심층수를 끌어올릴 수 있는 파이프를 제작해 실험 시스템을 구축하여 2007년에는 실제로 200m 깊이 심층수를 끌어올리는 실험을 했어요. 이 회사는 1억 3,400만 개의 펌프를 설치하면 매년 사람이 배출하는 이산화탄소의 $\frac{1}{3}$을 제거할 수 있다고 주장해요.

반대로 이산화탄소가 많이 녹아 있는 표층수를 물리적인 힘으로 바다 깊숙이 끌어내리는 방법도 있어요. 심해로 흡수된 이산화탄소가 다시 대기 중으로 방출되는 데는 1천 년이라는 긴 시간이 걸린다고 해요. 심해는 온도가 낮고 압력이 높아 이산화탄소가 안정적으로 녹아 있을 수 있다는 것이지요. 앞서도 이야기했지만 바다 깊은 곳은 이산화탄소를 저장하기에 참 좋은 장소예요. 이렇게 물리적 방법으로 해양 순환을 변화시키면 빠르게 탄소를 격리시킬 수 있어요.

하지만 인위적으로 심층수를 표면으로 끌어올리는 방법은 예상치 못한 부작용을 낳을 수 있어요. WHOI(미국 우즈홀해양연구소)는 "심층수에는 다량의 탄소가 무기물 형태로 저장돼 있다"며 "이와 같은 심층수를 표면으로 가져올 경우 오히려 이산화탄소를 공기 중으로 뿜어내는 결과를 가져올 것"이라고 지적하기도 했어요. 또 어느 지역에서 바닷물이 솟아오르면 다른 지역은 하강하기 마련이어서 국지적으로는 탄소 감소 효과가 있을지 몰라도 전체적으로는 균형을 이룰 것이므로 효과는 아직 미지수라는 것이지요.

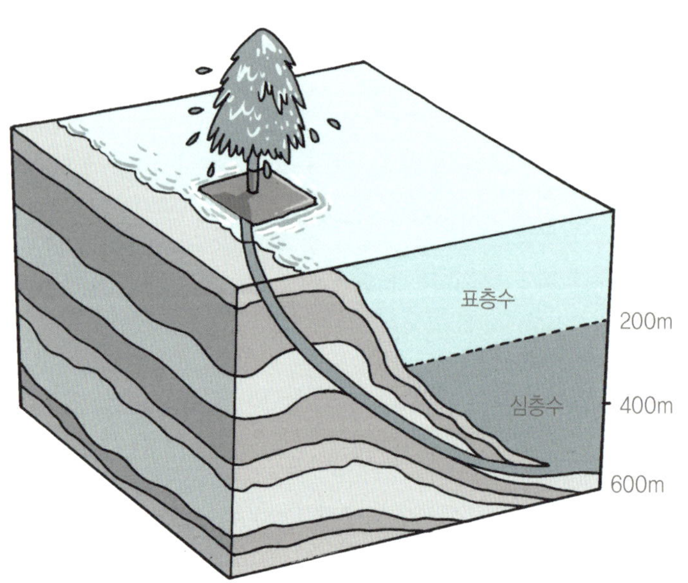

또 이러한 해수의 흐름이 이상 기후를 만들어 또 다른 재앙을 불러올 수 있다고 과학자들은 경고했어요. 자연의 흐름을 거스르지 않으면서 이산화탄소의 양을 줄이는 방법은 정말 없을까요? 과학자들은 지금도 지구 온난화 방지를 위해서 이산화탄소의 양을 줄이는 방법을 연구하고 있답니다.

만화로 본문 읽기

선생님, 탄소 배출권이 뭐예요?
탄소 가스를 배출할 수 있는 권리를 말해요. 교토 의정서에서 정한 이산화탄소의 배출량 감소에 실패한 나라의 기업에서는 배출량에 여유가 있거나 숲을 조성한 사업체로부터 권리를 사야 하지요.



즉, 탄소 배출권은 온실가스 감축 의무가 있는 나라가 개발도상국에서 온실가스 감축 사업을 수행하고 해당하는 배출권을 인정받거나 개발도상국이 독자적으로 달성한 감축 실적을 매매할 수 있는 제도예요.
탄소 배출권 좀 팔아요.
우리는 여유가 있으니까 좀 팔죠.

아~, 이산화탄소 배출량만 줄여도 돈을 벌 수 있군요. 그럼 이를 위해 어떤 노력을 하면 될까요?
가장 쉬우면서도 강력한 방법은 식물을 가꾸는 거예요. 숲은 대기에 있는 것보다 2배가 넘는 막대한 양의 탄소를 흡수하거든요.
허허, 나무만 심어도 장사가 되는 세상이라니 좋구먼~.

그 외에도 지구촌 불 끄기 같은 에너지 절약 캠페인이나 건물이나 도로 등을 밝은색으로 칠해 태양 빛을 반사시키는 방법, 발생된 이산화탄소를 해저에 매장하는 방법 등이 연구되고 있어요.
지구촌 불 끄기


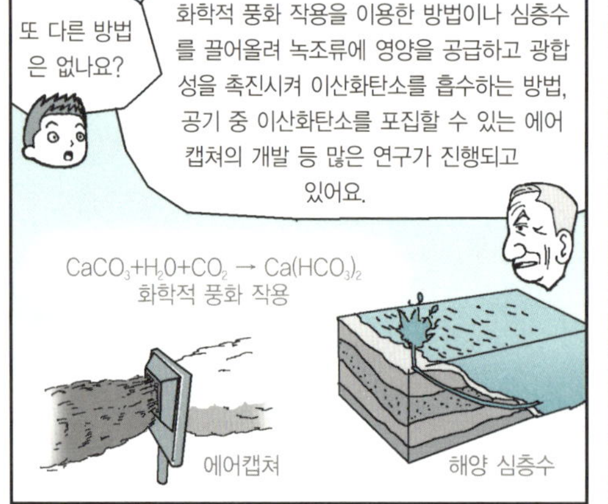

또 다른 방법은 없나요?
화학적 풍화 작용을 이용한 방법이나 심층수를 끌어올려 녹조류에 영양을 공급하고 광합성을 촉진시켜 이산화탄소를 흡수하는 방법, 공기 중 이산화탄소를 포집할 수 있는 에어 캡처의 개발 등 많은 연구가 진행되고 있어요.
CaCO₃+H₂O+CO₂ → Ca(HCO₃)₂
화학적 풍화 작용
에어캡처
해양 심층수

전 세계가 지구 온난화를 막기 위해 노력하고 있군요. 다행이에요.
그러니 철이 군도 자신이 할 수 있는 일을 찾아 자발적으로 노력해야겠죠?

# 8

# 지구 온난화 방지를 위해 우리가 지켜야 할 일

지구 온난화 방지를 위해 우리가 주변에서 할 수 있는 일은 무엇일까요?
우리가 실천할 수 있는 일을 찾아보기로 해요.

# 지구 온난화 방지를 위해 우리가 지켜야 할 일

킬링이 녹색 생활 실천을 강조하면서
마지막 수업을 시작했다.

## 실내 온도 적정하게 유지하기

기후 변화로 몸살을 앓고 있는 지구를 위해서 우리가 할 수 있는 일은 무엇이 있을까요? 정부 차원에서 이야기하는 녹색 기술보다는 녹색 생활이 중요하겠지요? 이번 시간에는 주변에서 우리가 할 수 있는 녹색 생활 실천에는 어떤 것들이 있는지 알아보기로 해요.

인간의 생활의 편리함을 도모하기 위해서 필요한 각종 에너지를 만들어 내는 데 많은 화석 연료가 사용됩니다. 이러

한 화석 연료 사용에 따른 이산화탄소의 배출량은 간접적으로도 알 수 있어요. 산업화 이전과 비교해 대기 중에 이산화탄소가 차지하는 비중이 36% 증가했으니, 이산화탄소의 배출이 증가한 원인은 화석 연료 사용에 의한 것이라고 할 수 있지요.

따라서 지구 온난화의 주범인 이산화탄소의 배출을 줄이기 위해 우리가 할 수 있는 일은 에너지를 절약하는 거예요. 에너지를 절약하는 생활을 통해 화석 연료의 사용을 줄일 수 있고, 결과적으로 이산화탄소 배출량을 감소시킬 수 있어요.

에너지 절약을 위해 구체적으로 우리가 할 수 있는 일은

'실내 온도 적정하게 유지하기'예요. 실내 온도 1℃를 낮추면 가구당 연간 231kg의 이산화탄소를 줄일 수 있어요.

## 자동차 사용 줄이고 대중교통 이용하기

다음으로 우리가 할 수 있는 지구 온난화 방지를 위한 실천 사항은 '자동차 사용 줄이고 대중교통 이용하기'예요. 자동차의 이산화탄소 배출량은 평균 140g/km라고 해요. 자동차

의 운행 횟수를 줄이면 많은 양의 이산화탄소를 줄일 수 있겠지요? 자동차 이용을 일주일에 하루만 줄여도 연간 445kg의 이산화탄소를 줄일 수 있어요.

이와 관련해서 'B.M.W 건강법'이라는 것이 있어요. 버스(B), 지하철(M), 걷기(W)로 내 몸과 지구에 건강을 선물하자는 것이지요. 모두 함께 실천합시다!

## 친환경 제품 구입하기

요즘 '친환경'이라는 말에 사람들이 관심을 많이 갖지요? 특히 친환경 먹을거리에 대해서는 사람들의 관심이 더욱 집

친환경 마크가 붙은 제품을 구입합니다.

에너지 소비 효율이 높은 가전제품을 씁니다.

재활용 제품을 애용합니다.

중되고 있어요. 지구 온난화 방지를 위해서도 '친환경'과 친해질 필요가 있어요. 즉, 녹색 소비는 자원을 절약하고 온실가스도 줄일 수 있어요. '친환경'이라는 말은 환경 오염을 시키지 않거나 최소화한다는 이야기잖아요? 따라서 온실가스를 줄이기 위해 노력하는 것과 일맥상통하는 말이에요.

## 물 아껴 쓰기

북극과 남극의 빙하가 녹고 있다는 이야기를 했지요? 또 아시아 대륙의 식수원을 담당하는 킬리만자로 산의 만년설 또한 녹고 있어서 앞으로 식수 부족이 예상된다는 이야기도 했어요. 더군다나 한국도 물 부족 국가에 속한다고 하니 여러분이 물을 아껴 써야 하는 건 당연한 거예요.

'물 아껴 쓰기'는 지구 온난화 방지를 위해서도 중요해요. 샤워 시간을 1분 줄이면 이산화탄소를 7kg 줄일 수 있어요. 그리고 빨래를 모아서 하면 14kg, 주 1회 세탁기를 덜 사용하면 22kg의 이산화탄소를 줄일 수 있지요. 어떻게 물을 아껴 쓰면 이산화탄소 배출을 줄일 수 있냐고요? 물을 깨끗하게 만들어서 우리의 손까지 전달하는 데 많은 에너지가 들어

요. 이 에너지를 생산하기 위해서는 또 많은 자원이 들어가잖아요. 이런 과정에서 이산화탄소가 많이 배출되므로 물을 아껴 써서 이산화탄소의 배출을 감소시킬 수 있는 거예요. 우리 모두 물을 아껴 씁시다!

## 쓰레기 줄이고 재활용하기

연간 버려지는 음식물 쓰레기를 돈으로 환산하면 15조 원이 넘는다고 해요. 또 쓰레기 1t을 처리하는 데 7만 8,000원이 소요된다고 하니, 쓰레기를 줄이는 것 자체가 돈을 버는 일이며 지구를 살리는 일이에요.

한국은 1981년부터 쓰레기 분리수거를 해 오고 있어요. 물론 처음에는 잘되지 않았지만 요즘에는 많은 사람들이 자발적으로 분리수거를 하고 있어요. 한국의 환경 의식이 많이 바뀐 부분이라고 생각해요.

알루미늄 캔 1개를 재활용하면 60Wh 백열전구를 27시간 사용할 수 있는 에너지가 절약돼요. 또 폐플라스틱 1kg을 소각하면 이산화탄소가 2.8kg 발생되고 재활용하면 1kg이 줄어든다고 하니 분리수거를 철저히 해야겠지요?

또 가정용 쓰레기를 철저히 분리하면 연간 350kg의 이산

화탄소를 줄일 수 있어요. 그리고 하루에 종이컵 5개를 사용하면 연간 20kg의 이산화탄소가 배출된다고 하니, 오늘부터는 일회용 컵 대신 개인 컵을 사용하는 아름다운 모습을 보여주세요.

## 올바른 운전 습관 유지하기

아빠가 어떻게 운전을 하는지 유심히 본 적 있나요? 운전 습관에 따라 이산화탄소 배출량의 차이가 커요. 5분 공회전(차의 시동을 켜 놓고 운행을 안 하고 있는 상태) 시 연간 121kg의 이산화탄소가 배출되고 자동차의 에어컨을 켜면 최대 20%, 속도 변화가 큰 운전, 즉 급가속이나 급제동을 하면 최대 6% 연료가 더 소비된다고 해요. 따라서 지구 온난화를 방지하기 위해 이런 운전 습관은 자제해야 해요. 녹색 운전을 하면 2,000cc급 차량 1대당 연료는 연간 50L, 이산화탄소는 130kg을 줄일 수 있어요.

오늘 바로 아빠의 운전 습관을 체크해 보고 지구 온난화에 대한 내용을 아빠에게 알려 드리세요. ECO-드라이빙, 환경을 생각하는 운전을 부탁하면서 이 이야기를 꼭 전해 드리세

요. "급출발·급가속 할 때마다 40원씩 낭비됩니다."

## 에너지 절약하기

에너지 절약에 대해서는 이미 언급했지만 중요한 내용이고 여러분이 꼭 실천해야 하는 것이 있어서 다시 한 번 강조하겠어요.

냉장고에 보관 음식물이 10% 증가하면 전기 소비량은 3.6% 증가하고, 냉장고 문을 1일 10회 여닫으면 5회에 비해

전기 소비량이 15% 증가해요.

여러분의 작은 실천이 에너지를 절약하고 이산화탄소 배출량을 줄이는 방법이라는 것을 명심하세요.

선생님! 저도 지구 온난화를 막기 위해 뭔가 해야 될 것 같은데, 막상 하려니 뭘 해야 될지 모르겠어요.
후후, 그래요? 철이 군도 철이 들었나 보네요. 그럼 주변에서 할 수 있는 일부터 찾아볼까요?
온난화 방지

우선 에너지를 만드는 데 필요한 화석 연료의 사용을 줄이기 위해 에너지를 절약하는 방법을 생각해 보죠.
아, TV에서 본 적이 있어요. '실내 온도를 적정하게 유지하기' 같은 거죠?

맞아요. 그리고 자동차 사용을 줄이고 대중교통을 이용하거나 자전거를 많이 이용하는 것도 한 방법이 되겠죠?
음, 생각보다 실천하기 쉬운 일이 많네요.
자동차보다는 대중교통을, 대중교통보다는 자전거

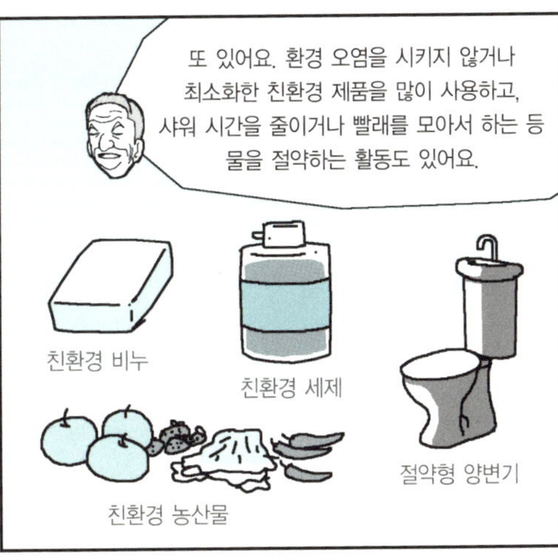
또 있어요. 환경 오염을 시키지 않거나 최소화한 친환경 제품을 많이 사용하고, 샤워 시간을 줄이거나 빨래를 모아서 하는 등 물을 절약하는 활동도 있어요.
친환경 비누
친환경 세제
절약형 양변기
친환경 농산물

그리고 쓰레기를 철저히 분리수거하면 연간 350kg의 이산화탄소를 줄일 수 있고, 일회용 제품을 사용하지 않는 것도 지구 온난화를 방지하는 데 큰 몫을 한답니다.
쓰레기 분리수거
모두 고마워.
일회용 제품 사용 자제
에너지 절약
친환경 제품 사용

우아, 선생님 설명을 듣다 보니 녹색 생활을 위해 할 수 있는 방법이 많이 있네요.
그런가요? 하지만 아무리 많은 방법이 있더라도 실천이 더욱 중요하겠죠?
온난화 방지
교회
은행

## 이산화탄소의 농도를 측정한 킬링 Charles David Keeling, 1928~2005

킬링은 미국 펜실베이니아 주의 스크랜튼이라는 곳에서 태어났습니다. 킬링은 노드웨스턴 대학교에서 화학으로 박사 학위를 취득한 화학자이자 대기학자입니다. 킬링은 1956년부터 사망할 때까지 하와이의 마우나로아 관측소에서 이산화탄소의 농도를 측정하며 인간에 의해 발생된 온실 효과와 지구 온난화를 최초로 경고한 과학자입니다.

킬링은 마우나로아 화산에 위치한 관측소에서 이산화탄소의 농도를 측정하여 킬링 곡선을 작성했습니다. 킬링 곡선은 대기권의 이산화탄소와 온실가스의 급격한 증가를 최초로 우리에게 확인시켜 주었습니다. 킬링의 조사 이전에는 인구 증가와 산업 발전을 통해 배출된 이산화탄소의 양이 대기 중에 축적될 것인지 아니면 해양이나 육지 식물에 의해 흡수될 것인지를 사람들은 잘 몰랐습니다.

킬링은 대기학자로서 탄소 순환과 관련된 연구 또한 많이 했습니다. 바닷물에 용해되어 있는 탄소 양을 정확하게 측정하여 대기 중 이산화탄소의 농도를 조절하는 해양의 역할을 연구하기도 했습니다.

킬링은 이산화탄소의 농도 변화를 측정한 공로로 1981년 미국 기상학회에서 주는 Second Half Century Award를 수상했고, 1991년 미국 지구물리학회에서 주는 모리스 어윙 메달을, 1993년 일본 과학위원회와 아사히 재단에서 주는 푸른 행성 상을, 2002년에는 일생 동안 과학 연구에 공로가 있는 사람에게 수여하는 최고의 상인 국가 과학 메달을 받았습니다.

과학 이외에도 스포츠와 음악을 즐겼던 킬링은 피아니스트이자 USCD Madrigal Singers의 창설 지휘자이기도 했습니다. 이렇듯 음악적 재능까지 겸비한 킬링은 지금까지도 지구를 사랑한 대표적인 과학자로 꼽히고 있습니다.

과 학  연 대 표

# 언제, 무슨 일이?

과학사
세계사

조선, 정해박해

푸리에
온실 효과 최초 제기
1827

대한제국 성립

아레니우스
지구 온난화 발표
1897

미국과 소련,
캠프 데이비드 회담

킬링
화석 연료 증가에 따른
이산화탄소 배출량 증가 발견
1958

영국, 중국에 홍콩 반환

UNFCCC 참가국들
교토 의정서 서명
1997

앨 고어와 IPCC,
노벨 평화상 수상

IPCC
기후 변화에 관한
종합 보고서 발표
2007

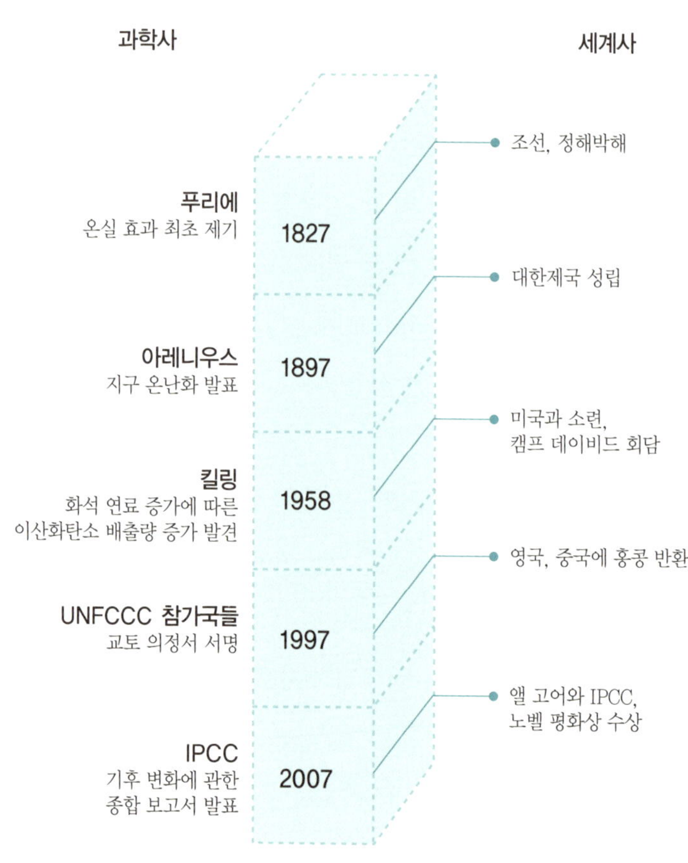

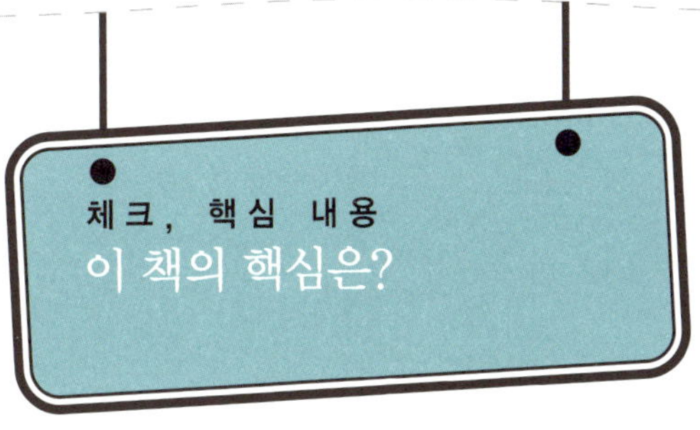


1. 지구 온난화를 최초로 발표한 과학자는 □□□□□□입니다.

2. 지구 온난화는 공기 중에 있는 □□□□에 의해 지구에서 복사된 열이 흡수되어 지구의 온도가 상승하는 것을 말합니다.

3. □□□은 이산화탄소의 20배가 넘는 열 흡수율을 가지고 있어 지구 온난화 방지를 위해서 꼭 감소시켜야 하는 기체입니다.

4. 과학자들이 남극에 기지를 세워 기후에 대한 연구를 하는 이유는 □□에 숨겨진 과거 지구의 대기 조성을 알아낼 수 있기 때문입니다.

5. 기후 변화에 관한 국제 연합 기본 협약에 따라 각 나라의 이산화탄소의 의무적인 배출량에 대한 주요 내용을 정의한 것은 □□ □□□입니다.

6. □□ □□□은 온실가스 감축 의무가 있는 선진국이 개발도상국에서 온실가스 감축 사업을 수행하고 그 감축분에 해당하는 이것을 자국의 실적으로 인정받거나, 개발도상국이 독자적으로 달성한 감축 실적을 감축 의무가 있는 선진국에게 판매할 수도 있습니다.

# 지구 온난화, 그 거대한 사기극

지구 온난화에 대한 회의적인 시각은 지구가 현재 그 어느 때보다 덥다는 주장에 대해 지금보다 더 기온이 높았던 시대가 있었으며, 이러한 지구의 온도 상승은 1천5백 년을 주기로 변동해 왔다는 것입니다. 즉, 지구 온난화는 지극히 자연적인 현상이며 이를 인위적으로 조절하거나 조정하려고 해서는 안 된다는 이야기입니다.

세계적으로 유명한 과학 학술지 〈사이언스〉와 〈네이처〉에 실린 500여 편에 달하는 논문을 검토해 본 결과 빙하기와 빙하기 사이의 지구의 기후는 자연적이고 불규칙적인 1천5백 년 주기의 사이클에 의해 정해져 왔다는 것입니다. 이와 관련하여 이산화탄소가 온실 효과를 일으키는 주원인이 아니라 온난화에 의해 발생되는 산물이라는 주장도 있습니다.

간단히 설명하면 대기 중 구름은 태양 빛을 반사시키는데,

구름이 생성되기 위해서는 태양계 너머 초신성의 폭발로 발생하는 입자선인 우주선(cosmic ray)이 지구에 떨어지면서 수증기와 결합하여 구름을 형성하여야 한다는 것입니다. 그런데 태양의 활동이 활발해져서 태양풍이 강해지면 이 입자들이 태양풍을 거슬러 지구로 들어오지 못하고 그로 인해 구름이 생기지 않게 되어 태양 빛을 반사하지 못해 지구가 더워진다는 것입니다.

천체물리학자 샤비브(Nir Shaviv, 1972~)는 위와 같은 주장에 대한 근거로 6천만 년 전부터 우주선의 증가와 지구의 온도 변화 그래프를 보면 매우 밀접한 상관관계가 있음을 주장했습니다. 그는 특히 온도가 올라갈 때 대기 중 이산화탄소의 양이 많아지는 이유가 지구의 온도가 올라갈 때 이산화탄소의 저장고인 바다에서 이산화탄소가 방출되기 때문이라고 주장했습니다. 또한 바다는 매우 넓고 크기 때문에 온도 상승에 의한 이산화탄소 방출이 바로 드러나지 않고 일정한 시차를 두고 보이는 것이라고 설명했습니다.

지구 온난화에 대한 논쟁은 현재까지도 진행 중입니다. 어떤 이야기가 옳은지는 시간이 지나면 역사가 이야기해 줄 것입니다.

# 수학자가 들려주는 수학 이야기 (전 88권)

차용욱 외 지음 | (주)자음과모음

**국내 최초 아이들 눈높이에 맞춘 88권짜리 이야기 수학 시리즈!
수학자라는 거인의 어깨 위에서 보다 멀리, 보다 넓게
바라보는 수학의 세계!**

수학은 모든 과학의 기본 언어이면서도 수학을 마주하면 어렵다는 생각이 들고 복잡한 공식을 보면 머리까지 지끈지끈 아파온다. 사회적으로 수학의 중요성이 점점 강조되고 있는 시점이지만 수학만을 단독으로, 세부적으로 다룬 시리즈는 그동안 없었다. 그러나 사회에 적응하려면 반드시 깨우쳐야만 하는 수학을 좀 더 재미있고 부담 없이 배울 수 있도록 기획된 도서가 바로 〈수학자가 들려주는 수학 이야기〉 시리즈이다.

### ★ 무조건적인 공식 암기, 단순한 계산은 이제 가라! ★

- 〈수학자가 들려주는 수학이야기〉는 수학자들이 자신들의 수학 이론과, 그에 대한 역사적인 배경, 재미있는 에피소드 등을 전해 준다.
- 교실 안에서뿐만 아니라 교실 밖에서도, 배우고 체험할 수 있는 생활 속 수학을 발견할 수 있다.
- 책 속에서 위대한 수학자들을 직접 만나면서, 수학자와 수학 이론을 좀 더 가깝고 친근하게 느낄 수 있다.